Devenez sorciers
devenez savants

Georges CHARPAK
Henri BROCH

Devenez sorciers devenez savants

LE GRAND LIVRE DU MOIS

15, rue Soufflot, 75005 Paris

ISBN 2-7028-7658-7

Chapitre 1

SORCIERS ET SAVANTS

Deux choses sont infinies, l'univers et la sottise humaine. Mais je ne suis pas sûr de ce que j'affirme quant à l'univers.

Albert EINSTEIN

Nos ancêtres les sorciers, les grands prêtres et les astrologues

Loin de nous l'idée de mépriser les sorciers ! Nous naissons tous ensorcelés, émerveillés, effrayés par le monde fabuleux dans lequel le destin nous a immergés. Nous apprenons à le connaître, à nous en défendre, à le comprendre en forgeant des croyances, des religions, des philosophies, des sciences.

Les antiques sorciers, alliés aux alchimistes, aux astrologues, aux astronomes et à tous les chasseurs de mystères, sont les précurseurs des savants qui découvrent et modèlent le monde dans lequel nous vivons en traquant inlassablement l'inconnu, avec l'ambition d'établir une vision cohérente de l'univers, animé ou inanimé. Ce n'était point des ermites isolés, ils étaient souvent mêlés aux grands prêtres dont l'ambition plus vaste visait à dévoiler les recoins les plus mystérieux de l'être humain pour éclairer le sens de sa destinée. Les prêtres étaient à ces tâcherons de l'observation ce que les théoriciens de la physique moderne sont aux expérimentateurs obsédés à dévoiler les secrets de la matière avec leurs microscopes de plus en plus puissants qui leur permettent de voir des atomes isolés, leurs accélérateurs géants qui reconstituent pendant des moments fugaces l'état de la matière au moment du Big Bang, leurs télescopes qui recueillent les grains de lumière émis il y a 15 milliards d'années aux confins de l'univers.

Le rôle des religions a été immense dans l'épanouissement de la science ou les tentatives récurrentes pour la mettre à mort. Elles ont souvent freiné son développement en s'opposant farouchement à ce qui pouvait mettre en cause leurs dogmes. Du jour où les astronomes, à partir de Copernic, ont chassé la Terre du centre de l'univers, et donc de la Création, l'Église les a persécutés comme de vulgaires hérétiques, condamnant Bruno au bûcher, réduisant Galilée au silence, forçant Descartes à l'exil. Il fallut des siècles de bouleversements politiques et sociaux pour changer la nature des relations entre certaines Églises et la science. Comme aujourd'hui, il y avait coexistence et conflits entre les obscurantistes et ceux qui considéraient bénéfiques pour l'homme les lumières apportées par la science. La bataille politique fut gagnée par les premiers et elle ne pouvait l'être que par eux en raison de la force balbutiante des scientifiques.

L'âme humaine est capable de repentance

La repentance récente de l'Église catholique et la réhabilitation de Galilée consacrent la place immense qu'occupe désormais la science dans la perception de notre réalité quotidienne. Cette ouverture n'est toutefois nullement partagée par toutes les sectes. On trouve sans peine de puissants groupes intégristes dans toutes les religions, arc-boutés sur la vérité immuable de leurs dogmes, pour lesquels la science n'offre que les apparences de la vérité derrière lesquelles se cache en réalité le diable.

Certes, le XIXe siècle a vu fleurir une véritable religion de la science, une foi naïve en sa toute-puissance bénéfique, en sa capacité à donner un jour une réponse à toutes les interrogations qui pouvaient inquiéter l'esprit des hommes. C'est elle qui a inspiré tous les groupes qui rêvèrent au siècle dernier de réformer une société qui présentait, depuis la révolution industrielle, bien des tares inacceptables. Elle a contaminé en particulier les pères fondateurs de la pratique révolutionnaire marxiste. À l'échelle du temps de déroulement de l'histoire humaine, cette bouffée d'obscurantisme qui a frappé pendant une fraction de siècle la composante idéologique qui se rêvait la plus progressiste de la planète peut sembler dérisoire. Elle révèle combien aisément l'humanité, même la plus éduquée, peut se laisser entraîner par des croyances aberrantes.

À la suite de l'implosion de l'Union soviétique, la majorité des dirigeants ou de ceux qui s'engagèrent, pour des raisons diverses, parfois nobles et idéalistes, dans la grande aventure humaine que fut la tentative d'instaurer le socialisme, a pris conscience que l'intervention d'un parti dirigeant dans les affaires de la science est de même nature que l'intervention d'une Église.

Mais on n'en a pas fini. C'est ainsi qu'une secte puissante comme l'Église de scientologie organise un culte des écrits à prétention scientifique de son fondateur, dont la fausseté est tellement criante qu'elle en serait touchante si elle sortait de la plume d'un enfant de 10 ans. Des mots, des mots, encore des mots empruntés à des textes scientifiques élémentaires et qui sont vidés de leur sens. Le court texte suivant, extrait d'un livre du gourou, est édifiant.

> ***Le point d'interrogation :***
>
> *Tout cela nous laisse avec un énorme point d'interrogation. Que les radiations flottent ou non à travers le monde est à côté de la question. C'est un point d'interrogation qui flotte à travers le monde. Y en a-t-il ou pas ? Et ce point d'interrogation, ce sont les radiations mêmes.*
>
> ***L'effet des radiations sur le corps humain :***
>
> *À quel point les radiations sont-elles nuisibles au corps humain ? Personne ne le sait, mais on peut, en gros, dire la chose suivante : un mur de cinq mètres d'épaisseur ne peut pas arrêter un rayon gamma. Par contre un corps en est capable. Ce qui nous amène à poser cette question médicale de toute première importance : comment se fait-il que les rayons gamma traversent les murs mais qu'ils ne traversent pas les corps ? Visiblement, un corps est moins dense qu'un mur.*
>
> *Comme nous ne trouvons pas de réponse dans le domaine de la matière, il nous faut donc entrer dans le domaine du mental.*

Comment de telles stupidités ont-elles pu influencer des gens de culture même moyenne ?

La science bouleverse le monde et peut menacer la vie

La supériorité extraordinaire des sociétés qui font un usage sans restriction des potentialités de la science moderne suscite à son égard des sentiments d'admiration mêlée de crainte qui peuvent aller jusqu'à l'hostilité. Cette hostilité est nourrie par une vision apocalyptique, hélas ! parfois justifiée, de certaines retombées du progrès scientifique.

Comment des changements climatiques se produisant sur un siècle avec une ampleur qui demandait autrefois 10 000 ans à se développer seraient-ils acceptables sans réactions ?

Comment des armes permettant d'éteindre la vie sur Terre pourraient-elles être déployées en comptant pour les neutraliser sur des recettes politiques qui ont failli dans le passé ?

Comment croire que les milliards d'humains supplémentaires que les démographes annoncent dans un proche avenir se laisseront enfermer dans d'immenses poches de pauvreté et nous laisseront jouir en toute quiétude de notre civilisation industrielle saturée de biens de consommation ?

C'est le rythme effréné des découvertes scientifiques et de leurs applications qui a déclenché cette réaction négative d'opposition. Ce n'est pas un hasard si la remise en cause des effets de la science et le doute sur l'aptitude des hommes à maîtriser ses conséquences se produisent maintenant. C'est peut-être une réaction salutaire. Elle survient au moment où se sont inextricablement mêlées dans nos sociétés et sur notre planète les familles spirituelles dont les positions divergent sur la stratégie nécessaire pour tirer parti du développement inexorable de la science en neutralisant les effets néfastes de son intrusion dans des groupes humains qui n'y sont pas préparés. Nos instincts proviennent en grande partie de notre patrimoine génétique qui était à son point optimum à l'âge des cavernes, il y a quelques dizaines de milliers d'années, après une évolution de la matière vivante qui s'est déroulée pendant 2 milliards d'années sur une planète née il y a 4 ou 5 milliards d'années.

Ce qui est inquiétant mais illustre bien le défi extraordinaire du siècle qui s'ouvre devant nous, c'est qu'un extraterrestre habitant une planète de notre galaxie et capable d'apprécier notre activité depuis deux siècles serait stupéfait que nous dilapidions en un aussi court laps de temps les combustibles fossiles — charbon, pétrole, gaz — accumulés pendant des dizaines de millions d'années au cours d'un cycle complexe de stockage des résidus de matières végétales ou animales.

Or, non seulement trois milliards d'individus supplémentaires réclameront leur part d'énergie nécessaire à une vie décente dont nous prétendons même leur infliger l'exemple, mais les changements climatiques engendrés par cette exploitation irresponsable des ressources existantes peuvent à cette modeste échelle de temps produire des catastrophes qui jetteront des centaines de millions d'êtres sur les rivages des pays épargnés.

La façon dont fut brisée l'échine des peuples qui étaient en retard d'une révolution industrielle, en Asie, en Afrique, en Amérique, illustre ce dont est capable notre monde si une prise de conscience de la solidarité qui lie désormais les destinées des peuples de la planète ne devient pas l'élément moteur des relations internationales. Avec leur refus persistant de se plier à une discipline planétaire sur l'émission de gaz à effet de serre, les États-Unis offrent un modèle parfait de l'égoïsme aveugle qui préside aujourd'hui à l'exploitation des ressources de la Terre. Pour en sortir, il faut que les peuples aient bien conscience des enjeux. Or le paradoxe, c'est que seule la science peut éclairer cette réalité et constituer l'outil indispensable pour déjouer les méfaits de la science.

L'état du monde dans lequel nous vivons, dont le niveau scientifique rend possible la fabrication d'armes de destruction massive, peu coûteuses, faciles à transporter, par des groupes disposant de sanctuaires territoriaux modestes mais dotés de quantités d'argent suffisantes, rend inévitables d'immenses tragédies si le niveau de compassion des dirigeants des pays industriels à l'égard des populations dont ils n'ont pas la responsabilité directe reste celui de leurs prédécesseurs, adeptes de l'esclavage et du colonialisme.

Et si nous mettons en avant des valeurs morales comme l'esprit de compassion, la solidarité, c'est parce que nous pensons que l'extraordinaire richesse spirituelle de l'homme ne s'exprime pas seulement dans ses démarches scientifiques. L'art, la philosophie et toutes les sciences humaines honorent la condition humaine. Mais pourquoi diable faut-il qu'un écrivain, qu'un poète, qu'un homme politique soit parfois aussi ignorant en matière scientifique qu'un sorcier d'une tribu oubliée dans la forêt vierge ou qu'un gourou religieux intégriste ?

Nous admirons depuis toujours ces cours de « science pour les poètes » dispensés dans certaines des meilleures universités américaines, en général par des maîtres chevronnés. Aucun grand commis de l'État ne devrait y échapper afin qu'on puisse le juger sur autre chose que sa maîtrise des dossiers administratifs.

Nous ne prétendons nullement dans cet ouvrage renverser le cours du monde. Nous espérons seulement, en commentant quelques expériences de sorcellerie banale, pratiquées en famille avec le sourire, montrer comment un certain nombre de sorciers modernes abusent le pauvre monde ! Ils ont souvent pignon sur rue et peuvent même désormais conquérir des titres universitaires. Nous ne voulons en aucun cas imposer une pensée unique, fût-elle scientifique, nous militons tout au contraire pour le doute, le scepticisme et la curiosité.

Bien entendu, nous exprimons notre plus grand respect pour les vrais prestidigitateurs, les illusionnistes qui pour notre plus grand bonheur et celui de nos petits enfants exécutent des tours qui nous laissent bouche bée !

Photo NASA, Appolo XI

Nos merveilleux ancêtres les hommes des cavernes

On voit sur cette image la Terre photographiée depuis la Lune. Elle illustre la puissance atteinte par la technologie et la science humaines qui, grâce aux satellites, aux stations astronomiques spatiales et aux sondes navigant pendant des dizaines d'années dans les espaces sidéraux, glanent une richesse prodigieuse d'observations et conduisent à la découverte de nouveaux phénomènes loin d'être tous élucidés. Elles viennent confirmer ou affiner des hypothèses, comme le Big Bang, qui témoignent de la créativité des humains, capables de concevoir des mécanismes mettant en jeu des distances et des temps incommensurables à leur propre échelle.

Une auscultation de la Terre et de son environnement révèle que l'intrusion de la science et de ses retombées peut remettre en cause l'existence même, sinon de la vie, du moins des sociétés qui ont donné naissance à la science.

En effet, si la vie s'est développée sur Terre, c'est en raison d'une conjonction rarissime de propriétés telles qu'une atmosphère favorable, apparue 3 milliards d'années environ après l'agglomération des poussières d'étoiles mortes, une température clémente, venant en petite partie du chauffage interne produit par une sphère de métal fondu de 7 000 kilomètres de diamètre, nichée au centre de la planète et qui puise une grande partie de sa chaleur présente dans la désintégration des poussières radioactives originelles, et un ensoleillement qui donne l'essentiel de la chaleur nécessaire à la vie.

Aucune autre planète qui gravite autour du Soleil ne jouit des privilèges de la Terre. Ce qui est inquiétant, c'est que la chaleur qui s'échappe de son cœur brûlant pour être rayonnée vers les espaces galactiques est très voisine, en ce début de millénaire, de celle dégagée par l'activité humaine. Celle-ci puise aveuglément ses ressources énergétiques dans les combustibles fossiles dont la durée de vie se compte désormais en petit nombre de siècles. Cette constatation serait de peu d'importance si l'on n'observait pas un réchauffement du climat qui mettrait en danger la survie d'une partie de l'espèce humaine au premier siècle de ce nouveau millénaire.

Il est donc clair que les sociétés humaines doivent mobiliser leur intelligence pour faire face à cette menace et puiser à cet effet dans les ressources puissantes qu'offrent les sciences.

Nous avons évoqué notre capital génétique qui nous vient des hommes des cavernes et qui a gardé sans doute sa fraîcheur originelle. Mais la façon de vivre de la plupart de leurs descendants s'est en général considérablement modifiée, la mondialisation galopante traque désormais les tribus les plus isolées pour les hisser aux normes de consommation du Terrien moyen. Or, ce serait une illusion de croire que leur façon de penser a subi de profondes mutations, surtout lorsqu'il s'agit de réactions spontanées à des événements inattendus. Pour ceux qui sont exclus des processus de pensée scientifique et technique, leurs réactions aux événements sont les mêmes que celles de leurs ancêtres des cavernes qui nous ont, au demeurant, légué un magnifique héritage dans lequel nous puisons les meilleures valeurs de nos civilisations.

Les âpres luttes pour la vie, la nécessité d'inventer mille moyens pour surmonter les difficultés de l'existence ont abouti, au cours d'une évolution qui s'étend sur des millions d'années, à un résultat dont nous avons bien des raisons de nous émerveiller. Mais nous sommes confrontés au fait que l'espèce humaine, à cause de la science qu'elle a engendrée, peut se détruire en se laissant aller sans retenue à des comportements qui furent de tout temps répréhensibles mais qui du moins ne constituaient pas une menace d'apocalypse pour la planète.

La nécessité d'inventer un nouveau comportement social requiert qu'une large fraction des sociétés humaines maîtrise le raisonnement scientifique. S'y opposent les tendances innées des hommes à préserver les niches matérielles et spirituelles qui assurent leur survie à une époque donnée.

Elles s'expriment avec une vigueur et une virulence tout humaines. Ces tendances apparaissent sous les formes les plus diverses que nous allons tenter de démystifier : les superstitions, l'astrologie, le paranormal, les trucages habiles.

Mais il nous faut être clairs. Aucun des deux auteurs ne se considère dépositaire d'une sagesse qui l'autoriserait à donner à ses frères de destinée un avis sur les grandes options de leur vie, en matière spirituelle notamment. La science ne peut nullement prétendre avoir compris les modes de fonctionnement de l'être humain et les finalités de son existence ni même prouver qu'elle y parviendra jamais. Nous serions tentés de faire nôtre cette profession de foi plutôt désespérée de Stig Dagerman[1] :

> *Je suis dépourvu de foi et ne puis donc être heureux, car un homme qui risque de craindre que sa vie ne soit une errance absurde vers une mort certaine ne peut être heureux. Je n'ai reçu en héritage ni dieu ni point fixe sur la terre d'où je puisse attirer l'attention d'un dieu : on ne m'a pas non plus légué la fureur bien déguisée du sceptique, les ruses de Sioux du rationaliste ou la candeur ardente de l'athée. Je n'ose donc jeter la pierre ni à celle qui croit en des choses qui ne m'inspirent que le doute, ni à celui qui cultive son doute comme si celui-ci n'était pas, lui aussi, entouré de ténèbres. Cette pierre m'atteindrait moi-même car je suis bien certain d'une chose : le besoin de consolation que connaît l'être humain est impossible à rassasier.*

Il serait néfaste que le besoin de consolation se traduise par une vulnérabilité exagérée aux chants de sirènes des marchands d'illusion que nous croisons sur notre chemin.

---

1. Stig Dagerman, *Notre besoin de consolation est impossible à rassasier*, Arles, Actes-Sud, 1952, p. 1.

L'homme est en possession d'un trésor, son libre arbitre, qui lui donne la possibilité de choisir. Le cerveau d'un homme comporte plus de connexions, des milliards de milliards de fois plus que celles du plus puissant ordinateur réalisé jusqu'à présent. En outre, sa vie, couplée à celle de milliards d'autres hommes, ouvre à de grandes échelles de temps des possibilités infinies de relations sociales.

Ce serait pure folie que les promesses contenues dans ces potentialités infinies s'abîment dans des conflits de nature ancestrale mais auxquels la science contemporaine a donné un caractère dévastateur. Il nous semble, alors, que la maîtrise par le plus grand nombre d'un minimum de culture scientifique s'avère aussi décisive pour l'avenir que dans le passé la parole, puis l'écriture et la monnaie.

Notre ambition est d'offrir aux lecteurs la possibilité de pratiquer, pour leur plaisir et leur édification, quelques exercices qui leur assurent la maîtrise des techniques utilisées par ceux qui embrouillent les décisions indispensables à l'adaptation de la race humaine aux changements qu'elle induit elle-même, en raison de ses merveilleuses qualités créatrices.

En apprenant à berner les autres, vous serez mieux préparés à juger des boniments des marchands d'illusions qui cherchent à vous persuader de leurs connaissances hors du commun, que ce soit dans les domaines touchant à la santé, à la vie sentimentale ou à la politique.

Restez savants, devenez sorciers !

Les Terriens, radioactifs de naissance

Parmi les cendres d'étoiles consumées dont l'agglomération créa la Terre, il se trouva quelques éléments radioactifs lourds, comme l'uranium et ses semblables, mais aussi le potassium. On le rencontre dans tous les tissus vivants. Il est essentiel à la vie. Son absence conduit à des maladies graves et souvent létales.

Dans son ignorance, Dame Nature a négligé le fait qu'un centième de cette brique essentielle était radioactif et pourrait terroriser quelque écologiste anxieux. Sa vie moyenne est de 1,3 milliard d'années, si bien que sa radioactivité subsiste de nos jours, elle est d'ailleurs aisément mesurable grâce à la sensibilité miraculeuse des détecteurs de particules. On découvre ainsi que le corps humain d'un adulte est le siège de près de 6 000 désintégrations du potassium par seconde. Celui-ci émet surtout des électrons et des rayons gamma très énergétiques qui peuvent sortir du corps et irradier la personne innocente, et sûrement inconsciente du danger, qui partage le même lit. Les spécialistes et les citoyens qui traquent la radioactivité disent qu'elle est de 6 000 becquerels dans notre corps à cause du potassium. Bien entendu, ce n'est pas notre seule source d'irradiation. Notre environnement naturel, la terre et le ciel, nous en octroie généreusement au moins vingt fois plus.

Mais ce qui est extraordinaire, c'est qu'une alarme stridente est désormais sonnée lorsque des détecteurs décèlent une contamination dix ou cent fois plus faible que celle due au potassium naturel. C'est un véritable fonds de commerce ou un tremplin vers le pouvoir pour certains groupes. On a pu voir à la télévision des ingénieurs convaincus, des âmes soucieuses de leurs infortunés compatriotes, dirigeant un laboratoire indépendant de mesure de la radioactivité, la CRIRAD, crier au loup à une heure de grande écoute parce qu'il s'agissait évidemment d'une nouvelle renversante, et annonçait qu'une laine de verre était radioactive et contribuer ainsi à faire chuter les actions de la puissante société industrielle,

Saint-Gobain, qui la produisait, ou bien dénoncer une innocente plage du midi de la France, près du Grau-du-Roi, dont les sables étaient radioactifs ! C'était certes vrai, mais ce sable provenait tout simplement de l'érosion des roches naturellement radioactives de massifs montagneux, transportée par les cours d'eau jusqu'à la mer. On a vu lancer des études coûteuses, se chiffrant sans doute en millions de francs, juste pour analyser les effets nocifs de l'uranium appauvri utilisé dans les obus antichars pendant la guerre du Golfe dont celui dû à la radioactivité était nul, d'évidence, car son intensité était inférieure à celle que l'on respire à quatre pattes dans l'herbe, le nez dans les fleurs des champs, en raison de l'émission d'un gaz radioactif naturel, le radon, qui accompagne la désintégration de l'uranium présent dans toute la croûte terrestre et dans beaucoup de maisons. La dépendance à l'égard d'un préjugé idéologique peut contraindre à d'étonnants travestissements de la réalité.

Si nous mentionnons tout cela, c'est parce qu'il est légitime et au fond rassurant que les citoyens s'inquiètent de la nocivité relative des sources d'énergie dont s'abreuve leur civilisation, y compris l'énergie nucléaire. Mais ce qui n'est pas rassurant, c'est de voir comment des bergers plus ou moins bien intentionnés peuvent exploiter leur ignorance et leurs peurs pour les conduire à prendre des décisions peut-être catastrophiques pour la planète. Leurs motivations ne sont en général pas vénales, ils ne sont pas stipendiés par les puissances économiques liées aux autres sources d'énergie, mais ils n'hésitent jamais à exploiter l'ignorance comme un levier politique puissant.

Cent ans après la découverte de la radioactivité par Henri Becquerel, Pierre et Marie Curie, il est navrant que l'immense majorité des citoyens, même éduqués, n'ait jamais manipulé un compteur Geiger. C'est comme s'ils n'avaient jamais utilisé une règle graduée dans leur vie. Ils auraient appris à observer un atome qui se désintègre quand il y en a un milliard de milliards dans une goutte de rosée. Ils auraient appris qu'il y a dans une goutte d'eau de la Seine des millions de milliards d'atomes d'arsenic, mais que ce n'est pas la raison pour laquelle il ne faut pas la boire.

Ils auraient été fascinés par le rythme syncopé de la musique des détecteurs. Cela les aurait aidés à pénétrer les secrets des lois du hasard qui sont un élément essentiel à la compréhension de notre monde et dont la subtilité est une des failles par lesquelles s'engouffre la puissance des marchands d'illusions, comme nous le découvrirons plus loin.

Naviguons sur l'océan de l'ignorance

Nous allons maintenant naviguer parmi quelques récifs d'obscurantisme qui sont parfaitement répertoriés dans tout bon atlas de la superstition et qui font l'objet d'une vénération et de pèlerinages pieux. Ils sont tellement nombreux que nous devrons nous contenter de quelques îlots bien connus :

- Comment exploiter un phénomène physique peu familier du public pour prétendre posséder des pouvoirs extraordinaires, comme tordre des clefs dans les poches d'individus crédules ?
- Comment léviter sans peine ?
- Comment s'affranchir enfin de la pénurie d'eau qui menace l'humanité ?
- Comment devenir astrologue avec exactement la même chance de tomber juste dans ses prédictions que les meilleurs professionnels ?
- Comment devenir télépathe, mais fuir les psychopathes, en se libérant du carcan de l'espace et du temps ?

Le calcul des probabilités, l'étude des phénomènes aléatoires nous sont peu familiers naturellement. Leur ignorance peut conduire à des aberrations chez des professionnels chevronnés dans des domaines comme la médecine, la physique et, bien sûr, les sciences sociales. Il n'est d'ailleurs apparu, sous forme mathématiquement élaborée, que depuis les premiers travaux de Pascal et Huygens au XVIIe siècle. Nous nous sommes efforcés d'illustrer comment cette ignorance est une des sources les plus pernicieuses des superstitions et des supercheries. L'enseignement de ses bases fondamentales, comme celui de l'arithmétique, devrait tenir une place importante dans les programmes de mathématiques, à tous les niveaux.

Chapitre 2

LES PREMIERS STADES DE L'INITIATION...

Vous êtes un initié...

Sans être initié par deux grands lamas tibétains, vos pouvoirs vont enfin vous être révélés et vous allez apprendre comment agir sur la nature.

Vous saurez ainsi :

- décrire avec justesse le caractère de personnes inconnues,
- avoir des visions extatiques soumises à votre seule volonté,
- vous régler sur la longueur d'onde d'un autre cerveau et pratiquer la télépathie,
- léviter, transpercer votre langue, commander à votre cœur de s'arrêter,
- marcher sur des charbons ardents,
- déformer un métal avec votre seule concentration mentale !

La vérité sort du puits

« La preuve que l'astrologie fonctionne et fonctionne même bien, c'est que mon horoscope m'a prédit des choses vraies, des choses qui se sont effectivement produites, qui ont été réalisées. »

Combien de fois n'a-t-on pas entendu de telles paroles ? Combien d'expériences personnelles de ce type ne présente-t-on pas comme preuves de la validité de l'astrologie ?

Eh bien ! il faut être clair sur ce sujet : oui, l'horoscope fonctionne, il fonctionne bien en effet. Mais la validité de l'horoscope n'entraîne pas celle de l'astrologie...

Beaucoup de gens sont convaincus de la validité de l'astrologie *parce que* leur horoscope « marche ». Ces gens estiment que les retours qu'ils en ont, leurs constatations, certifient la validité qu'ils accordent à la « Science des Signes ». Ils sont ainsi doublement convaincus que leur horoscope leur fournit une base solide pour se comprendre eux-mêmes et agir sur le cours de leur vie, sur leur « destin ».

L'horoscope est signifiant pour ces personnes. En fait, il prend un sens *par* elles et non *pour* elles. Il est très difficile de faire passer ce type de réflexion qui va à l'encontre de l'expérience personnelle — « Vous ne pouvez pas dire que cela n'existe pas puisque je l'ai personnellement vécu ! » —, c'est-à-dire de la finalité sous-jacente à cette simple préposition « pour ». L'individu qui lit un horoscope est convaincu d'avoir affaire à *son* horoscope, que cet horoscope lui était destiné, qu'il a été conçu par une puissance divine à dessein pour lui. Sans compter que la satisfaction du client est également à la source d'une rétroaction sur le devin augmentant la crédibilité que ce dernier s'accorde à lui-même et accorde à sa « science », donc sa motivation et, par voie de conséquence, son impact sur le client !

UNE EXPÉRIENCE CONCLUANTE

Il y a une vingtaine d'années, lors d'une intervention sur le paranormal et l'occulte dans un établissement éducatif, l'un d'entre nous a demandé à des étudiants de noter sur une feuille de papier leurs nom, prénom, lieu, date et heure de naissance et le thème de leur dernier rêve. Le tout écrit à la main.

En d'autres termes était induite l'idée d'un calcul du thème astral *via* les coordonnées de naissance ou d'une analyse graphologique *via* l'écriture manuscrite, l'un et l'autre pouvant être aidés par l'oniromancie, l'interprétation des rêves *via* le récit du dernier rêve.

Une semaine plus tard, chacun de ces étudiants recevait une description *personnalisée* de son caractère. Ce texte était suivi de la question : « Jusqu'à quel degré pensez-vous que cette description vous corresponde bien ? », suivie d'une grille comportant les six options suivantes : « Excellent », « Bon », « Assez bon », « Assez mauvais », « Mauvais », « Faux ».

Les étudiants devaient donc mesurer la concordance entre la description et leur véritable caractère, en tout cas celui qu'ils estimaient être le leur.

Au total, 69 % des étudiants jugèrent que la description de leur caractère était excellente, bonne ou assez bonne.

Ce résultat est concluant si l'on sait que nous avions été présentés comme « scientifique démystificateur » — une bien mauvaise présentation, soit dit en passant — et non comme un astrologue ou autre gourou ce qui aurait certainement augmenté la crédibilité des descriptions de caractères et donc le pourcentage de réussite.

Ce résultat est aussi particulièrement concluant si l'on ajoute que, lorsque nous avons demandé à un étudiant de lire à haute voix la description que nous avions faite de son caractère, les autres étudiants se sont aperçus que la leur était… on ne peut plus semblable. En effet, les fameuses descriptions « personnalisées » avaient été faites à l'avance et elles étaient *strictement identiques* pour tous les étudiants ! C'était la démonstration simple mais éclairante de l'un de ces multiples « effets » qui se produisent si souvent dans le domaine dit « paranormal ».

Afin que vous puissiez tenter vous-même cette expérience très édifiante, voici un modèle de description (*cf.* encadré), à mettre au masculin ou au féminin suivant le cas et à compléter avec le nom ou le prénom pour augmenter la personnalisation.

De telles descriptions ont été utilisées et testées pour la première fois en 1948 par le psychologue Bertram Forer qui s'était inspiré pour ses textes d'un ouvrage d'astrologie. L'efficacité en situation réelle de tels textes démontre de façon claire et nette la puissance de ce que l'on nomme l'« effet puits ».

L'EFFET PUITS

L'« effet puits » peut se résumer ainsi : plus un discours est vague — profond pourrait-on dire, profond dans le sens de creux, bien sûr —, plus les personnes qui l'écoutent peuvent se reconnaître, et se reconnaître majoritairement, dans ce discours.

Des expériences ont en effet montré que le pouvoir persuasif de déclarations vagues et générales est *supérieur* aux descriptions appropriées faites par des psychologues de métier : c'est l'« effet Barnum[1] » des sciences humaines. Mieux encore,

1. Les spectacles du cirque Barnum étaient conçus pour qu'il y en ait un peu pour tout le monde, pour que tout le monde s'y retrouve, d'où leur succès.

– Vous avez besoin que les autres personnes vous aiment et vous admirent mais vous êtes tout de même apte à être critique envers vous-même.
– Bien que vous ayez quelques faiblesses de caractère, vous êtes généralement capable de les compenser.
– Vous possédez de considérables capacités non employées que vous n'avez pas utilisées à votre avantage.
– Quelques-unes de vos aspirations ont tendance à être assez irréalistes.
– Discipliné et faisant preuve de self-control extérieurement, vous avez tendance à être soucieux et incertain intérieurement.
– Quelquefois vous avez même de sérieux doutes quant à savoir si vous avez pris la bonne décision.
– Vous préférez un petit peu de changement et de variété et êtes insatisfait lorsque vous êtes bloqué par des restrictions ou des limitations.
– Parfois vous êtes extroverti, affable et sociable alors que d'autres fois vous êtes introverti, prudent et réservé.
– Vous êtes également fier de vous-même en tant que penseur indépendant et n'acceptez pas les déclarations des autres sans preuve satisfaisante.
– Vous trouvez imprudent d'être trop franc en vous révélant vous-même aux autres.

des études ont montré que, dans le cadre de l'analyse de problèmes personnels profonds, des « oui » ou « non » totalement *aléatoires* et décidés *à l'avance*, donnés en réponse à des questions précises, étaient perçus comme des réponses très encourageantes par les personnes posant les questions[1] !

1. Ray Hyman, « Cold reading : how to convince strangers that you know all about them », *Paranormal Berderlands of Science*, Buffalo, Prometheus Books, 1981.

L'effet puits explique, dans une large mesure, le succès des horoscopes. « Vous faites parfois partie des forts » : creuse et, telle quelle, dénuée de sens, cette phrase sera néanmoins acceptée comme foncièrement *vraie* dans un horoscope car le lecteur — *chaque* lecteur — l'interprétera de lui-même dans le contexte qui lui donne une signification, « je suis fort en anglais », « je suis fort en bricolage », « je suis musculairement fort », « je suis… ».

Sans compter qu'il existe quelques règles élémentaires à suivre pour augmenter la réceptivité. Par exemple, ne pas dire aux gens ce que l'on sait — ou pense savoir — de vrai à leur sujet, mais leur dire ce qu'ils *voudraient* qui soit vrai à leur sujet !

Bien sûr les astrologues jouent aussi sur le fait que le public oublie vite leurs prédictions. Qui se rappellera, ou se rappelle même déjà, de perles comme celle-ci : « Malgré une toile de fond positive sur l'ensemble de l'année, la première quinzaine de janvier, puis celle de septembre [1993] pourraient poser de sérieux problèmes à Pierre Bérégovoy. » On la doit à la célèbre Elizabeth Teissier dans *Votre Horoscope 1993*. Nous rappelons au lecteur qui serait fâché avec l'histoire récente, que Pierre Bérégovoy, Premier ministre, s'est suicidé le *1er mai 1993* en se tirant une balle dans la tête. Si vous désirez connaître plus en détail la fabuleuse clairvoyance de Madame Teissier, nous vous invitons à lire le chapitre consacré à cette astrologue, ses « prévisions imprévoyantes » et ses manipulations de textes pour faire coller prédictions et réalité dans l'ouvrage décapant d'Alain Cuniot[1].

Bien sûr, les astrologues se servent à tout propos de l'effet puits. Ainsi Madame Elizabeth Teissier : « *Des* populations

1. Alain Cuniot, *Incroyable… mais faux !*, Bordeaux, Horizon chimérique, 1989. Actuellement édité par Book-e-book. com.

dans *le monde* souffriront de *la violence* dans le mois qui suit étant donné que Vénus et Pluton... » Mais ils usent et abusent également d'autres astuces destinées à accréditer leurs vaticinations toujours triangulées sur Amour-Argent-Santé. L'honnêteté intellectuelle ne doit pas être la caractéristique première dans la carte du ciel de naissance de moult astrologues. L'habileté, la roublardise s'illustrent quelquefois de belle manière. Ainsi, à un des quatre fils d'un grand Moghol, un dénommé Darah, féru d'astrologie, un devin jura sur sa propre tête qu'il porterait la couronne. Comme on s'étonnait de la témérité de cette prophétie, l'astrologue déclara : « De deux choses l'une : ou Darah montera sur le trône et ma fortune est faite, ou il sera vaincu, puis assassiné, et je n'ai plus rien à craindre de lui. »

Outre l'effet puits, les astrologues n'hésitent pas à mettre deux fers au feu ou plus subtilement un seul fer mais à double face : « Enfin, il ne tient qu'à nous d'opérer une conversion des énergies planétaires, dissonantes, en en extrayant une quintessence positive... » Une chose et son contraire, cela ne pose pas de problème à Elizabeth Teissier dans *Votre Horoscope 1993*.

Sans oublier qu'ils comptent aussi sur le fait que, si l'erreur est humaine, la faillibilité permanente ne l'est pas ! En effet, ni la faillibilité ni l'infaillibilité permanentes ne sont le privilège de quelques-uns ni même d'un seul. Mais, si pour l'infaillibilité cela peut sembler une évidence, en ce qui concerne la faillibilité on y prête beaucoup moins d'attention. Il faut donc rappeler que *personne* n'a le privilège de *toujours* se tromper : même un astrologue fera quelquefois des prédictions qui se révéleront justes. C'est le contraire qui serait anormal. Prédisez, prédisez, il en restera toujours quelque chose !

LES VACUOLOGUES

Faut-il aussi rappeler que les astrologues connaissent en fait très peu de chose de ce qui se passe réellement dans le ciel ?

C'est Elizabeth Teissier qui nous le démontre encore dans *Votre Horoscope 1993* : « Comment fonctionne un tel horoscope [l'horoscope collectif] et comment se justifie-t-il ? Comment est-il pensable qu'un Capricorne *né le 9 janvier 1960* subisse les mêmes influx planétaires que tel autre, *né le 9 janvier 1924*, par exemple ? La réponse à ces deux questions, la voici : dans sa ronde (apparente) autour de la Terre, *le Soleil se trouve chaque année, par définition, le même jour au même endroit du ciel* » (souligné par nous). C'est totalement faux ! Le Soleil, à deux dates identiques, n'est *pas du tout* au même endroit dans le ciel.

À un même jour donné, notre planète n'est pas, d'une année à l'autre, dans la même position sur sa trajectoire autour du Soleil. Le phénomène de précession des équinoxes[1] induit un décalage de cette position et, pour s'en rappeler tout en le chiffrant, il suffira de retenir que chaque année, à une date donnée quelconque, la Terre occupe une position qui correspond, *grosso modo*, à « 3 Terres avant », c'est-à-dire qu'il y a environ 36 000 kilomètres entre les centres des deux positions de la Terre à une année d'intervalle.

Et c'est ainsi que, n'en déplaise à l'astrologue Elizabeth Teissier et contrairement à ses allégations sur les « mêmes influx planétaires », le 9 janvier 1960 et le 9 janvier 1924, la Terre n'occupait pas la même place sur son orbite autour du Soleil. Entre ces deux dates, la position de la Terre a tout simplement changé d'environ... 1 300 000 kilomètres. Oui, *un million trois cent mille* kilomètres !

1. Voir ci-après « La précession des équinoxes ».

La plupart des devins astrologues travaillent avec un zodiaque tropique, c'est-à-dire lié au Soleil et non point aux étoiles (zodiaque sidéral) et, dans les thèmes astraux qu'ils construisent, ils utilisent des signes définis comme des rectangles de la sphère céleste découpant le zodiaque en douze cases à partir du point appelé « gamma », intersection de l'écliptique avec l'équateur céleste correspondant à l'équinoxe de printemps.

Si, peu avant le début de notre ère, ces cases correspondaient à peu près aux astres, aux étoiles, aux signes-constellations qui ont déterminé les attributs de tel ou tel signe, il n'en est plus de même actuellement car la précession des équinoxes a semé la confusion dans ce bel édifice en déplaçant le point gamma sur le fond étoilé de la sphère céleste et en entraînant avec lui les signes des astrologues qui, désormais, ne recouvrent *plus du tout* les astres d'origine[1]. Les astrologues « tropiques » contemporains utilisent ainsi bêtement des signes rectangles, zones *vides* et *immatérielles* dénuées de toute consistance, de toute entité stellaire.

Ces devins ne pratiquent donc plus l'*astro*logie mais bien plutôt ce qu'il faut nommer la *vacuologie*.

LES ADORATEURS DU NOMBRIL...

L'horoscope connaît à l'heure actuelle une grande vogue parce que nous sommes une civilisation narcissique. La science ne peut faire que des prévisions globales ou collectives, alors que de très nombreuses personnes ne s'intéressent

1. Si vous désirez connaître votre *véritable* signe zodiacal de naissance qui n'est pas celui dont vous affublent les astrologues (tropiques), nous vous convions non pas à consulter la dernière voyante à la mode et chérie de nombreux médias, mais à découvrir *Astronomic Zodiac* sur le site Internet www.book-e-book.com. Votre signe zodiacal est tout simplement la position qu'occupait sur la voûte céleste le Soleil, vu depuis la Terre, à l'instant de votre naissance ; et cela peut se calculer de manière rigoureuse astronomiquement parlant.

qu'à *leur* destin personnel. Entre les scientifiques lointains qui leur parlent de généralités et l'astrologue proche qui leur parle exclusivement d'eux-mêmes, leur choix sera vite fait. L'illusion de cette exclusivité, de cette unicité, est bien sûr encore renforcée par la demande astrologique des coordonnées complètes de naissance. Lieu précis, date heure et minute... donc une seule personne... donc *moi*... donc adéquation forcée entre le résultat du test et *ma* propre personnalité.

Ce que nous voyons, ce que nous percevons, ce sur quoi nous pourrions témoigner est en partie déterminé par ce à quoi nous *pensons* à l'instant précis de l'observation. Nos désirs profonds, nos motifs, modulés par nos expériences passées, se trouvent renforcés, inconsciemment ou non, par l'« exposition sélective ». Cette exposition sélective est un principe psychologique bien documenté selon lequel nous choisissons nos revues, nos quotidiens, nos stations de radio, nos magazines de télévision, toutes nos autorités, de telle sorte que nos opinions soient largement *confirmées* plutôt qu'infirmées.

Et si, malgré cela, nous recueillons une information contraire, il nous reste toujours le recours à la validation subjective qui permet, dans un tel cas, de recevoir *incorrectement* ou interpréter *différemment* la donnée contraire à nos désirs. Cette validation personnelle est l'une des raisons principales de la persistance des arts divinatoires. La validation subjective fait percevoir comme reliés deux événements qui ne le sont *pas* et cela simplement parce qu'une envie, une hypothèse ou une croyance demande ou nécessite une telle relation, en l'occurrence simplement parce que l'horoscope l'annonce. Ce qui induit un comportement superstitieux, un comportement fondé sur la conviction que ses propres actions déterminent le cours des événements même s'il n'en est rien dans la réalité.

Mais, si l'influence des planètes sur le destin d'une personne est totalement inexistante, il n'empêche que celle de son horoscope peut ne *pas* l'être. Et c'est surtout l'effet puits qui permet de comprendre pourquoi l'horoscope possède sur nombre de personnes un extraordinaire… ascendant.

La précession des équinoxes

(Phénomène découvert par Hipparque de Nicée au IIe siècle avant notre ère)

L'action des forces gravitationnelles du Soleil et de la Lune sur le renflement équatorial terrestre (la Terre n'est pas parfaitement sphérique, elle est aplatie aux pôles) fait que la direction de l'axe de rotation de la Terre (la « ligne » des pôles) n'est *pas* fixe.

L'axe terrestre effectue, un peu *à l'image d'une toupie en rotation*, un lent pivotement qui lui fait décrire un cercle en 25 790 ans environ (*cf.* schéma). Le phénomène complet est

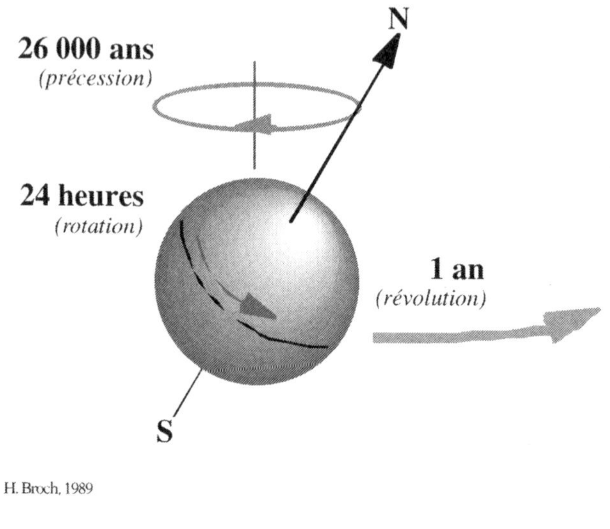

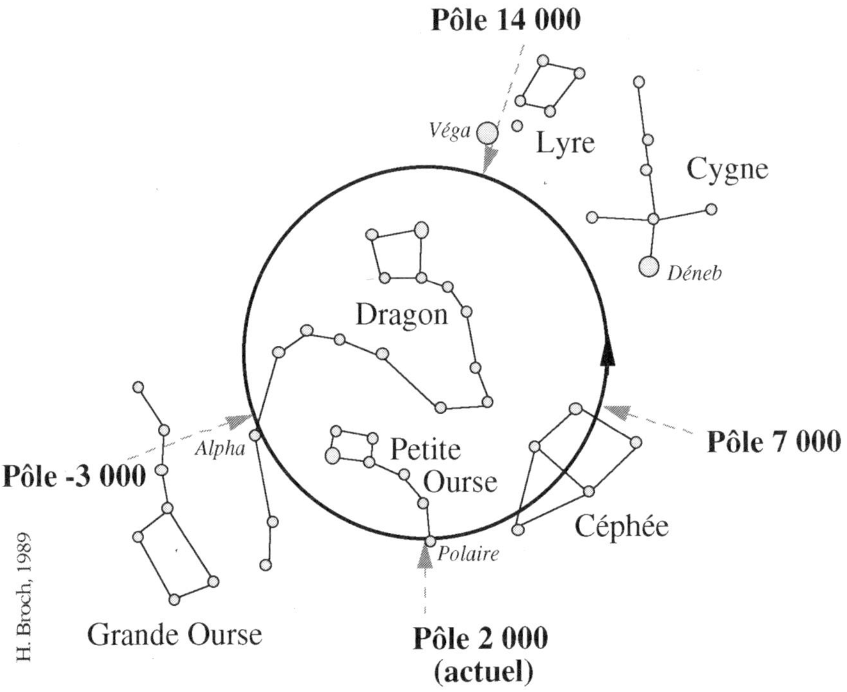

un peu plus complexe car, à la partie dénommée « précession », s'ajoute un phénomène supplémentaire qu'on appelle « nutation », caractérisé par une période d'environ 18,6 ans et qui a pour effet de créer une petite ondulation autour de la direction principale circulaire que décrit l'axe terrestre.

Pour fixer les idées, signalons que, dans 12 000 ans environ, l'axe de la Terre pointera aux environs de la *nouvelle* étoile *polaire* Véga de la Lyre (*cf.* schéma) et que, depuis longtemps, l'étoile « polaire » actuelle de la Petite Ourse *ne servira plus* à indiquer le nord !

Le plan de l'équateur céleste, c'est-à-dire le plan contenant l'équateur terrestre, suit évidemment ce mouvement de pivotement de l'axe de rotation de la Terre et, en conséquence, son intersection avec l'écliptique, c'est-à-dire le plan de l'orbite de la Terre autour du Soleil, se déplace elle aussi.

Or cette intersection détermine le point gamma (l'équinoxe[1] de printemps) *qui sert de référence au zodiaque tropique.* En d'autres termes, le point gamma se déplace lentement mais sûrement sur la sphère céleste et entraîne avec lui les signes des astrologues tropiques qui, désormais, ne recouvrent plus du tout les constellations d'origine et continuent de se décaler de plus en plus (*cf.* schéma ci-après).

Un exemple parmi d'autres. Les « Lions », c'est-à-dire, à l'origine, les personnes nées lorsque le Soleil, vu depuis la

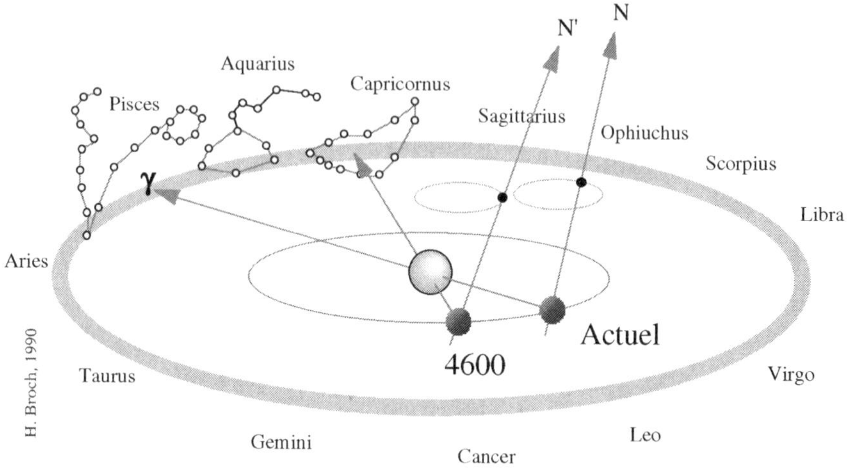

Voici la position que la Terre occupe sur son orbite lors de l'équinoxe de printemps actuel et celle qu'elle occupera à ce même équinoxe en l'an 4600 (soit dans 2 600 ans, c'est-à-dire un dixième de la durée totale du cycle de précession). À l'équinoxe de printemps actuel, le Soleil — vu depuis la Terre — se trouve dans la constellation des Poissons. En l'an 4600, à la même date de l'équinoxe de printemps (aux alentours du 21 mars), le Soleil se trouvera... dans la constellation du Capricorne !

1. Les équinoxes de printemps et d'automne correspondent aux deux positions de la Terre telles que la ligne Soleil-Terre soit perpendiculaire à l'axe de rotation de la Terre, d'où, lors des équinoxes, l'égalité de la durée du jour et de la nuit pour tous les points du globe terrestre.

Terre, se trouve dans la constellation du Lion, sont « courageux, orgueilleux et dominateurs » : si cela pouvait paraître aller de soi au temps d'Hipparque, il y a plus de deux mille ans, il est vraiment difficile de concevoir le rapport de nos jours quand on sait que, pour les personnes nées par exemple fin juillet — des « Lions », selon les astrologues tropiques —, le Soleil ne se trouve point dans le Lion mais dans l'*écrevisse* !

INTERMÈDE

L'effet puits ne se restreint pas à l'astrologie, il n'est pas difficile d'en trouver de nombreuses applications dans tous les domaines de la vie courante. En voici un exemple (*cf.* tableau ci-après) dans le champ politique. Le texte original, que nous avons à peine retouché, est dû à notre ami Jacques Poustis, de La Réunion, qui a remis à l'honneur ce genre d'exercice pratiqué il y a quelques années par des étudiants polonais en le publiant dans sa revue *La Fée l'a dit* en janvier 1998.

Commencez par la case en haut à gauche, puis enchaînez avec *n'importe quelle case* en colonne 2, puis avec *n'importe laquelle* en 3, puis *n'importe laquelle* en 4 et revenez ensuite *où bon vous semble* en colonne 1, pour enchaîner au hasard... Mais n'oubliez surtout pas d'y mettre l'intonation et la force de conviction, ingrédients indispensables de la persuasion.

L'expérience personnelle...

Dans toutes les croyances au paranormal intervient souvent ce que l'on peut appeler l'« expérience personnelle ». Tout argument rationnel se heurtera systématiquement à une réponse de ce type : « Mais vous ne pouvez pas me dire que

1	2	3	4
Mesdames, Messieurs	la conjoncture actuelle	doit s'intégrer à la finalisation globale	d'un processus allant vers plus d'égalité.
Je reste fondamentalement persuadé que	la situation d'exclusion que certains d'entre vous connaissent	oblige à la prise en compte encore plus effective	d'un avenir s'orientant vers plus de progrès et plus de justice.
Dès lors, sachez que je me battrai pour faire admettre que	l'acuité des problèmes de la vie quotidienne	interpelle le citoyen que je suis et nous oblige tous à aller de l'avant dans la voie	d'une restructuration sociale dans laquelle chacun pourra enfin retrouver sa dignité.
Par ailleurs, c'est en toute connaissance de cause que je peux affirmer aujourd'hui que	la volonté farouche de sortir notre pays de la crise	a pour conséquence obligatoire l'urgente nécessité	d'une valorisation sans concession de nos caractères spécifiques.
Je tiens à vous dire ici ma détermination sans faille pour clamer haut et fort que	l'effort prioritaire en faveur du statut précaire des exclus	conforte mon désir incontestable d'aller dans le sens	d'un plan correspondant véritablement aux exigences légitimes de chacun.
J'ai depuis longtemps (ai-je besoin de vous le rappeler), défendu l'idée que	le particularisme dû à notre histoire unique	doit nous amener au choix réellement impératif	de solutions rapides correspondant aux grands axes sociaux prioritaires.
Et c'est en toute conscience que je déclare avec conviction que	l'aspiration plus que légitime de chacun au progrès social	fait des préocupations de la population de base dans l'élaboration	d'un programme plus humain, plus fraternel et plus juste.
Et ce n'est certainement pas vous, mes chers compatriotes, qui me contredirez si je vous dis que	la nécessité de répondre à votre inquiétude journalière, que vous soyez jeunes ou âgés,	entraîne une mission somme toute des plus exaltantes pour moi : l'élaboration	d'un projet porteur de véritables espoirs, notamment pour les plus démunis.

cela n'existe pas puisque *je* l'ai vécu », « *je* l'ai vu », « *je* l'ai ressenti », « *je* l'ai perçu »... Comment faire comprendre à quelqu'un que son expérience ne constitue pas une preuve ? Si quelqu'un vous affirme qu'hier était son jour de chance puisqu'il a gagné le gros lot du Loto, il vous sera difficile de le persuader que ce jour n'avait rien de particulier avant qu'il n'apprenne la bonne nouvelle...

L'expérience personnelle n'est pas une preuve pour diverses raisons dont la principale est que ce que nous rapportons de notre expérience est très souvent *subjectif*. Même une expérience qui paraît concrète est subjectivement rapportée, ce qui peut revenir à dire *faussement* rapportée. L'expérience personnelle a de l'impact sur nos croyances, non pas en tant que telle, en tant qu'événement déjà réalisé, mais par le souvenir qu'on en a gardé. L'expérience est par définition quelque chose de passé, donc quelque chose dont on se rappelle, qui est censé nous guider, nous aider à interpréter, à comprendre. Mais elle ne constitue pas pour autant une explication, elle ne fournit pas une preuve. En effet, rien n'est si simple...

QUE VOUS RAPPELEZ-VOUS ?...

Nous vous proposons maintenant de faire travailler votre *mémoire visuelle*. De nombreuses personnes ont une bonne mémoire de l'image, une sorte de photographie d'un événement à l'instant *t*, ce que l'on nomme « mémoire visuelle », elles ont la capacité de retenir assez précisément les choses qu'elles ont vues.

Espérons que vous en faites partie. Concentrez-vous donc un instant, rappelez-vous le moment du petit déjeuner ce matin : dans quelle pièce vous étiez... à quel endroit précis... ce que vous buviez... ce que vous mangiez... comment vous étiez habillé(e)... etc.

Bref, rappelez-vous la scène.

~ *stop* ~

Ne tournez pas la page, relisez les lignes précédentes et faites réellement, concrètement, ce petit effort de mémoire.

Ne venez-vous pas de revoir une scène comme celle-ci ?

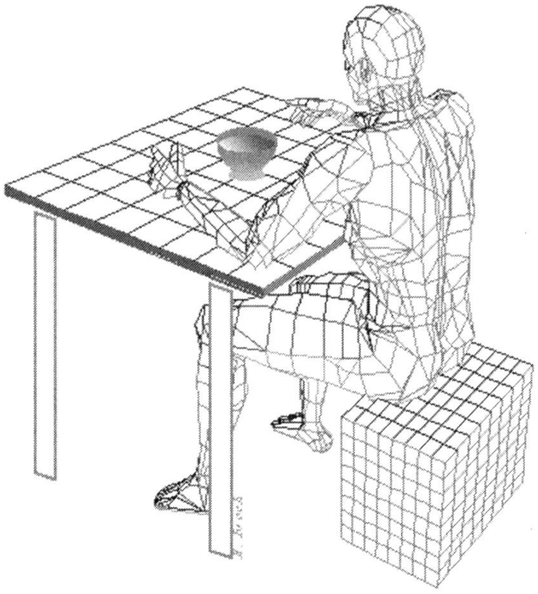

C'est-à-dire, une scène dans laquelle vous êtes assis quelque part en train de prendre votre petit déjeuner. Peut-être en vous voyant légèrement de dos et de dessus, comme dans le dessin ci-dessus. Vous venez ainsi de *voir* une scène où *vous* figuriez.

Or réfléchissons ensemble : vous auriez dû voir uniquement... *vos deux mains et un bol* ! Rares sont ceux qui perçoivent une telle scène, une telle image, avec uniquement ces éléments. La plupart des gens perçoivent la scène telle que nous venons de la décrire et dont l'image n'a bien sûr *jamais* frappé leur rétine.

En fait, le processus de mémorisation demande une construction active lorsque nous cherchons à nous souvenir de quelque chose et cette construction est, par nature, un processus de reconstruction, d'élaboration. Voilà pourquoi, lorsqu'une personne nous parle de son expérience personnelle, vécue, qui « prouve de manière indubitable » tel ou tel phénomène paranormal, il faut, nonobstant sa sincérité, prendre ce témoignage comme on dîne avec le diable : avec de longues pincettes...

QUE VOYEZ-VOUS ?...

Pour rester dans le champ visuel, savez-vous que l'œil a des pouvoirs particuliers ? « Il faut le voir pour le croire », dit-on souvent... Qu'à cela ne tienne, nous allons le voir.

Fixez pendant environ une demi-minute le dessin[1] qui suit. Fixez bien le petit point situé entre les deux cœurs et, *sans bouger votre regard*, en vous concentrant sur ce point et en essayant de ne pas ciller ou de le faire le moins possible, comptez mentalement et lentement jusqu'à 30. Ensuite — et *ensuite seulement* — tournez la page pour reprendre votre lecture.

1. Jacques Poustis, « Fou !... mais logique », *Science et pseudo-sciences* (AFIS), n° 243, août 2000, p. 2-5.

~ stop ~

~ ne tournez pas la page ~

Concentrez-vous sur le point
et comptez lentement jusqu'à 30.

~ stop ~

~ Fixez cette page blanche ! ~

L'expérience que vous venez de faire a dû vous faire « voir » l'image qui suit :

C'est-à-dire le Christ (ou Karl Marx ou votre collègue et ami barbu, cela dépend de *vos* présupposés) apparaissant sur la page blanche et se mouvant légèrement.

Si vous avez regardé hors de la page blanche, sur une surface à peu près unie, par exemple sur le mur de la pièce où vous êtes, vous avez été alors gratifié de la même apparition mais beaucoup plus grande.

Cette apparition est due à deux phénomènes.

Tout d'abord à ce qu'on nomme la « rémanence rétinienne » ou la « persistance rétinienne », à savoir qu'une image même fugitive dure un certain laps de temps, de l'ordre d'un quinzième de seconde. C'est ce qui permet, par exemple, lorsqu'on regarde un film de voir des scènes animées fluides, continues, alors que l'appareil de projection envoie sur l'écran une succession discontinue d'images fixes.

Ensuite au fait que, lorsque l'on fixe précisément, sans mouvement oculaire, pendant un temps assez long, en l'occurrence plusieurs dizaines de secondes, une image, les cellules de la rétine qui travaillent — essentiellement les cônes au centre et en haute lumière, les bâtonnets à la périphérie et en basse luminosité — sont toujours les mêmes et finissent donc par être saturées et ne parviennent plus à transmettre l'influx associé à la lumière. Si l'on supprime brutalement l'image de départ et que l'on porte son regard sur une plage uniforme, la surface rétinienne pourra transmettre normalement les couleurs, partout sauf en certains endroits où les cellules saturées par l'image fixe précédente ne pourront plus assurer une transmission optimale pour les couleurs qui y étaient présentes en ce point. En conséquence, nous allons percevoir en fond l'image complémentaire (forme et couleurs) de l'image originelle.

Et cette image est en fait interne à notre œil, nous pouvons tourner la tête dans n'importe quelle direction, nous l'observerons toujours. Cette image étant sur notre rétine, indépendamment de l'extérieur, plus la surface uniforme que nous observons sera lointaine, plus l'image fantôme nous paraîtra grande puisque c'est l'ouverture angulaire qui est conservée[1].

1. L'image fantôme étant élaborée sur notre rétine par rémanence, elle est donc indépendante du support extérieur. Elle occupe sur notre rétine un champ déterminé par l'angle sous lequel on a perçu l'image primitive. Imaginons que vous ayez perçu un trait de 5 centimètres sur une feuille placée à 30 centimètres de votre œil : ce trait couvre un angle de 10° environ au sommet d'un triangle isocèle de base 5 centimètres et de hauteur 30 centimètres. L'image fantôme formée par rémanence aura exactement la même « dimension » sur votre rétine. Par conséquent, si vous observez une feuille blanche située à 15 centimètres de votre œil, soit deux fois plus proche que l'image primitive, le champ angulaire couvert par l'image fantôme restera de 10°, si bien que le trait que vous percevrez sera deux fois plus petit, à savoir de 2,5 centimètres. De même, si vous observez un mur blanc à 3 mètres, donc dix fois plus éloigné que le dessin primitif, vous verrez, toujours sous un angle de 10°, une image fantôme de 50 centimètres.

De la feuille blanche de ce livre au mur lointain, la taille du fantôme s'adaptera et le mystère n'en sera que plus grand.

Dans l'image test, nous avons choisi par simplicité le noir et blanc mais le phénomène fonctionne également très bien avec les couleurs et si vous désirez voir apparaître un ami stellaire verdâtre, dessinez une tête d'extraterrestre de votre choix mais donnez-lui une couleur violette avec de grands yeux blancs. Fixez ensuite l'image une minute avant de porter votre regard sur une surface blanche (le mur, le réfrigérateur...) où vous verrez apparaître un sympathique ET tout vert avec de grands yeux noirs.

Devenez télépathe...

Imaginons la situation suivante. Vous êtes avec des amis, tranquillement installés dans des fauteuils après un bon repas et la discussion (par un curieux hasard...) se porte sur les phénomènes paranormaux, ces fameux phénomènes si « largement prouvés par de nombreuses expériences de par le monde » et que « la science, toujours aussi étroite d'esprit, refuse absolument d'examiner en se cachant les yeux pour ne pas voir »...

La télépathie, le pouvoir qu'ont les cerveaux de communiquer entre eux, arrive tôt ou tard dans la discussion par un biais ou un autre, par exemple : « Ne vous est-il jamais arrivé de recevoir un appel téléphonique d'une personne à l'instant précis où vous pensiez à elle ? »... « Je sens, quand je marche dans la rue, si quelqu'un me regarde alors qu'il est derrière moi et que je ne le vois pas »... « Et les jumeaux ? Extraordinaire, non, ce pouvoir qu'ils ont de ressentir précisément ce que l'autre sent à des kilomètres de distance »...

C'est à ce moment que votre conjoint intervient : « À ce propos, chéri(e), est-ce que tu as déjà dit à tes amis que tu possèdes un don un peu particulier ? Que tu t'en es rendu(e) compte un peu par hasard ? Tu peux communiquer avec un collègue à distance, même très grande, uniquement par la pensée ! »...

Et, vous, tout aussi innocemment : « Non ! non ! n'en parlons pas ! [Il est important de refuser d'en parler, cela fait beaucoup plus sérieux.] Je ne suis pas un médium ou quelque chose de ce genre... je ne sais même pas comment expliquer ce don, je ne sais même pas comment cela fonctionne [la modestie dans les explications est toujours payante, vos amis pourront ainsi faire étalage de leur connaissance du sujet en déclarant que le savant X de l'Institut Y a prouvé que la télépathie pouvait s'expliquer par Z]. En tout cas, c'est vrai, j'ai ce don. »

Après une telle entrée en matière, il est certain que l'une ou l'autre des personnes présentes vous priera d'en dire plus et vous demandera de faire une démonstration afin de prouver vos dires. Vous expliquerez alors que, dans ce qu'on appelle couramment « télépathie », il est nécessaire d'avoir deux cerveaux qui soient accordés en quelque sorte sur une même longueur d'onde et que vous avez découvert un tel accord neuronal avec un collègue après avoir mené plusieurs expériences sur ce sujet. Avec ce collègue, qui se trouve actuellement dans sa famille à plusieurs kilomètres d'ici, Monsieur N [vous le nommez explicitement], vous arrivez assez souvent, pas toujours, mais assez souvent [il est important d'hésiter et de ne pas revendiquer 100 % de succès] à transmettre par la pensée la valeur d'une carte sur laquelle vous vous concentrez.

Vous cédez alors à la pression amicale qui ne manque pas de s'exercer pour que vous fassiez sur-le-champ une tentative. « Bon ! d'accord, dites-vous, mais je ne garantis rien. Il va falloir téléphoner à mon collègue et je ne sais même pas s'il est là. Son numéro est, je crois, le [vous donnez le numéro de téléphone de votre collègue]. Avez-vous ici un jeu de cartes ? »

On vous apporte un jeu de cartes. Vous ne le touchez pas, vous demandez à quelqu'un de l'assistance de mélanger les cartes, de les battre et les rebattre, puis que les personnes présentes décident elles-mêmes laquelle d'entre elles va choisir une carte au hasard dans le paquet. Une carte est ainsi tirée au sort : le 7 de trèfle, par exemple.

Avant de vous mettre en condition et de vous concentrer fortement sur la carte, vous sortez votre agenda pour vérifier le numéro de téléphone que vous notez, avec le nom de votre collègue, sur une feuille de papier. Feuille de papier que vous donnez à la personne qui a été désignée par les autres pour aller téléphoner, hors de la pièce où vous vous trouvez, à votre collègue qui sera donc le récepteur de l'image (le 7 de trèfle) que vous, émetteur, allez tenter de transmettre mentalement à travers l'espace.

La carte est placée devant vous et, prenant votre tête à deux mains, vous vous concentrez alors avec maintes inspirations et expirations fortes… Les secondes, les minutes s'écoulent lentement… Et tout cela sous le contrôle visuel direct des personnes présentes.

Une dizaine de minutes plus tard, le préposé au téléphone est de retour et ne cache pas son étonnement : aussi incroyable que cela puisse paraître, Monsieur N, le récepteur, a déclaré, après moult hésitations et des visions floues, percevoir le… *7 de trèfle*.

Vous êtes totalement épuisé, essoufflé par la concentration qui vous a été nécessaire. Vous vous tenez la tête : « Ouf ! C'est vraiment épuisant ; je ne pourrais pas recommencer cela avant longtemps, c'est vraiment très dur et j'ai l'impression que mon cerveau est en surchauffe. »

Les questions fusent, se transformant vite en affirmations.

C'est extraordinaire... toute la manipulation des cartes a été faite par les personnes elles-mêmes... Vous avez donné le nom de votre collègue *avant*... et le numéro de téléphone aussi... Vous n'êtes pas chez vous et la pièce n'est donc pas truquée... pas d'émetteur caché...

La personne qui est allée téléphoner témoigne que le récepteur ne lui a pas tiré les vers du nez, qu'elle s'est contentée de demander la personne idoine en expliquant la situation et n'a donné *aucune* indication de quelque nature que ce soit qui puisse indiquer la carte choisie.

Ce qui vient de se passer est vraiment extraordinaire. Une ou deux personnes auront peut-être encore un doute, mais sans pouvoir l'argumenter en quoi que ce soit ; c'est plus un doute de principe, d'esprit borné sans doute... Peut-être faudrait-il recommencer encore une fois, pour être sûrs ? Pas question de recommencer ! Vous l'avez dit d'ailleurs, c'est vraiment trop épuisant, vous êtes « à plat ».

Et la soirée se poursuit agréablement après cette expérience qui vient de prouver aux incrédules que la télépathie existe vraiment, que la communication à distance entre deux cerveaux est parfaitement possible.

LA SOLUTION EST (PEUT-ÊTRE) DANS L'AGENDA...

Mais, avant de nous quitter, jetons un coup d'œil sur votre agenda, aux pages consacrées à la lettre N (N comme l'initiale du nom de votre récepteur). Voici ce que l'on peut y lire :

Alain	As de **Pique**.
André	Roi de Pique.
Antoine	Dame de Pique.
Armand	Valet de Pique.
Benoît	10 de Pique.
Bernard	9 de Pique.
Bruno	8 de Pique.
Charles	7 de Pique.
Christian	6 de Pique.
Christophe	5 de Pique.
Claude	4 de Pique.
Clément	3 de Pique.
Daniel	2 de Pique.
David	As de **Cœur**.
Didier	Roi de Cœur.
Dominique	Dame de Cœur.
Edmond	Valet de Cœur.
Édouard	10 de Cœur.
Émile	9 de Cœur.
Éric	8 de Cœur.
Étienne	7 de Cœur.
François	6 de Cœur.
Georges	5 de Cœur.
Gérard	4 de Cœur.
Germain	3 de Cœur.
Gilbert	2 de Cœur.

Guillaume	As de **Trèfle**.
Henri	Roi de Trèfle.
Hervé	Dame de Trèfle.
Hubert	Valet de Trèfle.
Jacques	10 de Trèfle.
Jean	9 de Trèfle.
Jérôme	8 de Trèfle.
Julien	7 de Trèfle.
Laurent	6 de Trèfle.
Louis	5 de Trèfle.
Luc	4 de Trèfle.
Marc	3 de Trèfle.
Maurice	2 de Trèfle.
Michel	As de **Carreau**.
Nicolas	Roi de Carreau.
Olivier	Dame de Carreau.
Pascal	Valet de Carreau.
Paul	10 de Carreau.
Philippe	9 de Carreau.
Pierre	8 de Carreau.
Raymond	7 de Carreau.
René	6 de Carreau.
Richard	5 de Carreau.
Robert	4 de Carreau.
Roger	3 de Carreau.
Roland	2 de Carreau.

Victor	*Joker.*

Yves	*Carte de garde...*

Voilà qui éclaire d'un jour nouveau vos dons de télépathe et qui montre qu'en fait la solution de l'énigme télépathique est d'une simplicité désarmante.

L'information sur la carte choisie est transmise — sans qu'elle s'en rende compte — par la personne qui téléphone au récepteur dont vous avez donné le vrai nom. Tout est dans le *prénom*. Ce prénom n'est à aucun moment, avant le choix de la carte à émettre, précisé oralement. Il est simplement écrit, après le tirage au sort et après consultation de l'agenda, consultation dont le *seul* but est de vous éviter de retenir par cœur 54 prénoms associés à 54 valeurs de cartes (mais si votre mémoire est performante, n'hésitez pas à vous passer du calepin !).

Vous serez peut-être étonné de voir dans cette liste 54 prénoms et non seulement 52, mais, pour avoir été pris en défaut par son propre frère lors d'une de ses démonstrations de télépathie à longue distance, l'un d'entre nous a jugé plus prudent d'ajouter aux 52 cartes conventionnelles et aux 52 prénoms correspondants, un prénom pour désigner le joker (la carte qu'avait choisie exprès son rusé de frère !) et un prénom pour désigner la carte de garde que l'on trouve dans certains jeux neufs.

Ainsi, après avoir apparemment vérifié le numéro du correspondant à appeler, vous écrivez en fait sur la feuille de papier ce numéro de téléphone avec le nom (N) *et le prénom* (ici *Julien*) du récepteur. Et cette feuille de papier, vous la donnez à la personne qui va téléphoner.

Ainsi, le nombre de personnes disposant de tous les éléments pour résoudre l'énigme se réduit quasiment à une car la personne qui a téléphoné au récepteur pense rarement à signaler aux autres qu'elle disposait, en plus des informations déjà données, du prénom de la personne à appeler. Cela ne lui viendra même pas à l'esprit car elle pense disposer des mêmes informations que les autres et rien de plus.

Vous pouvez de toute manière glisser négligemment le prénom du récepteur dans une phrase anodine au moment où vous accompagnez brièvement, pour lui faire quitter la pièce, la personne qui doit téléphoner. Puis vous retournez à votre place en disant (négligemment aussi) : « Bien ! il est temps que je regarde cette carte que vous avez choisie et que je me concentre dessus. » Une dizaine de minutes plus tard, ce que vos amis auront retenu de ces enchaînements de microévénements — s'ils en ont retenu quelque chose —, c'est que vous avez effectivement (« sans même vous en rendre compte ») donné le prénom *avant* de regarder la carte !

Et ne vous faites aucun souci ; votre ami N a placé son exemplaire de la liste des prénoms tout à côté de son téléphone et il n'a vraiment pas besoin de faire travailler ses méninges pour assurer une prestation psychique de qualité. Il suffit qu'il hésite un peu avant de donner — lentement, par bribes... — la valeur de la carte.

Et les variantes possibles du scénario sont prévues d'avance. Par exemple :

– *Bonjour, je voudrais parler à monsieur Nivet* [Aie ! le prénom n'est pas précisé].
– *Qui demandez-vous ? Nous sommes plusieurs frères ici...*
– *Euh... Celui qui fait de la télépathie* [Aie, Aie ! Toujours pas de prénom]. *C'est pour une expérience...*
– *Oh, vous savez, nous sommes un peu tous télépathes dans la famille.*
– *Je voudrais parler à Julien Nivet* [Ouf !].
– *C'est moi.*

Comme vous le voyez, rien de plus simple !

Nous vous conseillons d'inclure dans votre liste le *vrai* prénom de votre collègue récepteur, pour que le jour où le sort sympathique désigne précisément la carte correspondant à *ce* prénom, votre triomphe soit total. Vous pourrez ainsi lancer : « Vérifiez donc vous-même directement le numéro de téléphone dans l'annuaire... », qui donnera à vos amis, sans aucune intervention de votre part, le prénom du receveur.

Vous pouvez aussi — mieux vaut prévenir que guérir — vous créer un code spécifique à n'importe quel jeu de cartes. Par exemple, si vous pensez qu'on vous demandera plutôt de vous « exécuter » à partir d'un jeu de tarots (ce qui est assez fréquent), il vous suffit d'ajouter à la présente grille quelques prénoms pour les quatre cavaliers, pour l'excuse, ainsi que pour les 21 atouts. Et de glisser ou d'inscrire le tout dans votre agenda répertoire à la lettre initiale du nom de votre collègue que vous avez choisi parce que son cerveau est vraiment sur la même longueur d'onde que le vôtre. Et à qui, surtout, vous aurez donné une copie de cette liste spécifique. Pensez également à mettre un double de la liste à côté de *votre* téléphone car vous pouvez évidemment aussi servir de récepteur à votre collègue qui désire, tout autant que vous, faire la preuve de ses pouvoirs psychiques.

Bonne lecture de pensée !

Fakir sans peine et sans douleur...

LÉVITATION SANS FRONTIÈRES

En Inde, à Madras, au milieu des années 1930, le brahmane Subbayah Pullavar faisait en pleine rue la démonstration de ses pouvoirs psychiques en... lévitant. Ses aides tendaient une grande pièce de toile derrière laquelle il s'affairait et qui, une fois ôtée, laissait découvrir ledit brahmane en lévitation, flottant dans l'air, s'appuyant seulement par la main sur une canne.

Le pouvoir de lévitation n'est pas réservé aux initiés hindous. En effet, on pouvait voir en Europe, bien avant ces années 1930, une lévitation encore plus jolie bien que moins exotique : nous étions en 1849 et le prestidigitateur Jean-Eugène Robert-Houdin présentait en ce début du mois d'octobre sa « suspension éthéréenne » (*cf.* illustration ci-dessus) qui devint vite célèbre.

Dans ces années-là, on parlait beaucoup de l'éther et de ses applications et Robert-Houdin eut l'idée de profiter de l'engouement du public pour augmenter ses effets magiques. Voici la présentation qu'il en faisait[1] :

Messieurs, disais-je avec le sérieux d'un professeur de la Sorbonne, je viens de découvrir dans l'éther une nouvelle propriété

1. Jean-Eugène Robert-Houdin, *Confidences et Révélations* (1868), Genève, Slatkine, 1980.

merveilleuse. Lorsque cette liqueur est à son plus haut degré de concentration, si on la fait respirer à un être vivant, le corps du patient devient en peu d'instants aussi léger qu'un ballon.
Cette exposition terminée, je procédais à l'expérience. Je plaçais trois tabourets sur un banc de bois. Mon fils montait sur celui du milieu, et je lui faisais étendre les bras, que je soutenais en l'air au moyen de deux cannes qui reposaient chacune sur un tabouret.
Je mettais alors simplement sous le nez de l'enfant un flacon vide que je débouchais avec soin, mais dans la coulisse on jetait de l'éther sur une pelle de fer très chaude, afin que la vapeur s'en répandît dans la salle. Mon fils s'endormait aussitôt, et ses pieds, devenus plus légers, commençaient à quitter le tabouret.
Jugeant alors l'opération réussie, je retirais le tabouret de manière que l'enfant ne se trouvait plus soutenu que par les deux cannes. Cet étrange équilibre excitait déjà dans le public une grande surprise. Elle augmentait encore lorsqu'on me voyait retirer l'une des deux cannes et le tabouret qui la soutenait ; et enfin elle arrivait à son comble, lorsqu'après avoir élevé avec le petit doigt mon fils jusqu'à la position horizontale je le laissais ainsi endormi dans l'espace, et que, pour narguer les lois de la gravitation, j'ôtais encore les pieds du banc qui se trouvait sous cet édifice impossible...

Toutefois, malgré la beauté de cette suspension éthéréenne, force est de constater que les brahmanes hindous peuvent revendiquer l'antériorité sur notre maître magicien. En effet, le brahmane Scheschal étalait ses pouvoirs quelques années avant notre « prestidigitateur-physicien-mécanicien » (tels sont les termes choisis par Robert-Houdin lui-même pour se présenter) puisque, dès les années 1830, il présentait une lévitation[1]

1. Walter Gibson, *Les Secrets des grands magiciens*, Strasbourg, Éditions du Spectacle, 1987.

sur « canne de bambou et peau de gazelle », c'est-à-dire avec pour seul support quelque chose de particulièrement mou...

H. Broch d'après W. Gibson

Fabuleux, non ?

Bien sûr, personne ne l'avait vu s'élever majestueusement et lentement dans les airs jusqu'à cette altitude. Personne ne le voyait de même descendre lentement jusqu'au sol. Et cependant sa lévitation ne manquait pas d'impressionner, affirmant la toute-puissance de l'esprit de l'initié sur son corps soumis à la force de gravitation.

H. Broch d'après W. Gibson

Mais, plus qu'un long discours, il suffira de rappeler que le *Magazine Pittoresque* de 1833, dans son numéro 16 donne la présentation et la solution.

UN EXPLOIT CARDIAQUE...

Si vous venez d'expliquer ce qui précède à vos amis, vous êtes alors en bonne posture pour passer à des choses plus sérieuses. En effet, rien de tel que de démystifier un phénomène mystérieux pour en accréditer plus facilement un autre. Vous saisissez donc l'occasion pour déclarer que ce type de démonstration ne peut que nuire aux véritables initiés, qui, eux, travaillent réellement et sérieusement en profondeur sur leur corps et leur esprit et développent ainsi leurs pouvoirs psychiques latents.

D'ailleurs, vous en avez rencontré un lors de vos voyages lointains. Il n'est pas utile que vous ayez réellement fait un tel voyage, après tout le célèbre Lobsang Rampa, auteur du *Troisième Œil*, toujours édité et qui se vend bien, s'appelait en réalité Cyril Henry Hoskins, il n'était pas plus tibétain que nous, il n'avait même jamais mis les pieds au Tibet ni d'ailleurs quitté son pays — la Grande-Bretagne — quand il publia en 1958 cet ouvrage retraçant sa propre vie au Tibet et son initiation.

Or ce Sage que vous avez rencontré vous a transmis quelques (faibles) pouvoirs, il vous a appris à diriger votre énergie vitale le long des méridiens de votre corps. C'est ainsi que vous pouvez — très faiblement encore car vous n'êtes qu'un simple novice au premier stade de l'initiation — contrôler votre cœur. Vous pouvez, par la simple force de votre pensée, arrêter votre cœur.

Devant l'étonnement, les sourires en coin ou le scepticisme marqué de votre auditoire, vous expliquez que c'est difficile et épuisant, que cela demande une extrême concentration, qu'il ne faut surtout pas être perturbé par des bruits extérieurs, mais que vous voulez bien *essayer* — essayer car vous n'êtes pas sûr de pouvoir réussir dans les conditions présentes qui ne sont vraiment pas idéales.

Vous demandez alors que quelqu'un vienne vous contrôler, quelqu'un désigné par l'assemblée elle-même et non pas choisi par vous. Les personnes présentes s'étant accordées sur la désignation du contrôleur, ce dernier vient se placer près de vous. Sans un mot, en débutant votre concentration de yogi, vous lui tendez votre poignet gauche afin qu'il puisse prendre votre pouls et contrôler ainsi votre rythme cardiaque. Vous inspirez et expirez fortement plusieurs fois, vous fermez les yeux et vous vous plongez dans votre méditation.

Les secondes s'écoulent, le silence s'est fait... « Son cœur s'est arrêté ! Son cœur ne bat plus ! Il ne bat plus du tout ! », s'écrie le contrôleur. Et les secondes s'écoulent encore... Plus d'une minute, montre en main. Après quoi, épuisé, exténué, vous demandez à vous asseoir afin de récupérer. Épuisé et exténué mais ravi de lire sur les visages l'étonnement, l'ahurissement, l'admiration aussi, que votre exploit psychique provoque.

Une nuée de questions s'abat alors sur vous. Vous développez à l'envi votre voyage lointain, votre rencontre avec le Sage, votre initiation dans le sanctuaire souterrain à la lumière des torches ou des lampes à huile alors que des bâtonnets d'encens se consument lentement.

À moins que vous n'ouvriez votre veste ou enleviez votre pull-over pour montrer la petite balle de caoutchouc épinglée sur votre chemise au niveau de l'aisselle gauche et que vous expliquiez que presser fortement votre bras contre cette balle pour comprimer l'artère et réduire ainsi les pulsations « cardiaques » jusqu'à zéro ne vous paraît pas demander nécessairement un entraînement titanesque ni des dons psychiques surhumains.

Toute l'astuce consistait ici à faire assimiler battements du cœur et pouls pris au poignet. C'est ce qu'on appelle un

« effet paillasson », effet qui consiste à utiliser un mot pour désigner autre chose que ce que ce mot désigne. Vous êtes surpris par le drôle de nom de cet effet ? Vous ne l'oublierez plus lorsque vous aurez constaté avec nous que, contrairement à ce que demande l'écriteau qui accompagne un paillasson, à savoir « Essuyez vos pieds SVP », vous n'avez vraisemblablement jamais enlevé vos chaussures et vos chaussettes pour vous essuyer les pieds !

CQFD !

SOUVENIR DE JEUNESSE

Un courrier reçu par l'un d'entre nous il y a quelques années[1], nous fait découvrir les amusants dessous d'une autre démonstration de fakirisme. L'auteur de ce courrier rapporte une expérience vécue dans sa jeunesse, aux environs de 1927, qui lui avait permis de devenir fakir amateur.

> *À cette époque, je vivais à Lagny-sur-Marne où mon père possédait une des principales épiceries ; un jour est venu un « fakir » pour s'exhiber une semaine durant sur un lit de tessons de verre et dans un coffre scellé par huissier (Mᵉ Delaunay). Ses aides sont donc venus à l'épicerie pour s'approvisionner en matière première et je les ai accompagnés au dépôt de bouteilles cassées ; ils ont d'abord rempli deux sacs et, quant au troisième, après l'avoir chargé à moitié, ils l'ont pris chacun par une extrémité pour le secouer vigoureusement et, à mon interrogation sur les raisons de cette pratique, il m'a été répondu que « le patron n'était quand même pas assez fou pour passer ses journées sur des tessons non*

1. Courrier adressé à Henri Broch le 2 mars 1992 par Monsieur R. H. Remy, demeurant au Mexique.

émoussés »... Quant au coffre scellé, il l'était effectivement, mais selon deux dimensions seulement, la troisième, libre, permettant de faire coulisser deux panneaux pour que, selon les mêmes aides, « le patron puisse aller dîner et dormir dans un lit comme tout le monde » !

S'exhiber sur un lit de tessons de verre ne présente pas plus de difficultés pour un fakir, comme pour tout un chacun, que de s'allonger sur une planche à clous. Des étudiantes et des étudiants du cours de zététique[1] de l'université de Nice-Sophia Antipolis intitulé « Phénomènes paranormaux et méthodologie scientifique » ont déjà effectué plusieurs fois une telle prouesse et, à part le courage de se lancer dans un tel sujet d'examen et d'en faire la démonstration, le risque est nul (ou presque).

À condition que la planche ait suffisamment de clous. Car tout le secret de la planche à clous réside là : plus il y a de clous, plus la planche est confortable. Personne, pas même un grand fakir indien, ne pourrait s'allonger sur deux ou trois clous alors qu'il n'y a aucun problème à le faire dès que la densité en devient telle que la pression exercée soit suffisamment faible et, en conséquence, que les clous ne pénètrent pas le corps.

POUR ÊTRE DOULOUREUX, C'EST DOULOUREUX

Si vous pensez que la planche à clous risque de faire un peu trop commun, nous vous invitons à vraiment étonner votre entourage. Prenez une longue aiguille d'acier,

1. *Cf.* le site web www.unice.fr/zetetique/sur le serveur de l'université de Nice-Sophia Antipolis.

ouvrez votre bouche, sortez la langue et faites comme l'un de nous :

© H. Broch

Êtes-vous sûr de vouloir le tenter ? S'enfoncer la longue aiguille d'acier au travers de la langue et, stoïque, montrer le résultat à son entourage ? Après tout, rien ne vous y oblige, vous pourriez, tout compte fait, plutôt continuer votre lecture tranquillement. Mais il faut payer un peu de sa personne si l'on désire faire la démonstration de ses pouvoirs de fakir. Le coup doit être rapide et puissant, comme le cri que vous pousserez lorsque vous serez dans la douloureuse situation montrée par la photo suivante :

© H. Broch

Si vous pensez tenir le coup et que votre entourage ne tourne pas de l'œil à votre première tentative, alors nous vous invitons…

… à ne *pas* tenter tout de suite l'expérience telle quelle, mais à utiliser plutôt une autre aiguille qui aura la forme que vous voyez sur la photo suivante. Tout le secret réside dans cette forme spécifique d'aiguille avec une partie en U.

Vous pouvez, si vous le désirez, commencer votre démonstration avec l'aiguille normale (entièrement rectiligne) afin de la montrer dans son ensemble, mais il vous faut faire ensuite un échange par une astuce de votre choix, comme une aiguille qui tombe (évidemment celle que vous ramassez est l'aiguille en U) ou une aiguille que vous nettoyez, que vous désinfectez, avec un coton imbibé de produit, et à tant faire vous nettoyez aussi les autres aiguilles apparemment identiques « qui

© H. Broch

vous serviront ensuite ». Évidemment, celle que vous nettoyez juste avant de commencer votre expérience est celle en U.

L'échange exige un peu d'habitude et demande également une « misdirection », c'est-à-dire attirer l'attention de l'assistance ailleurs que là où se passent les choses importantes. Vous pouvez aussi commencer votre démonstration directement avec l'aiguille en U en la tenant entre pouce et index à l'endroit de la partie concave qui sera ainsi totalement camouflée.

Entraînez-vous quelques instants devant une glace et vous verrez que glisser sa langue dans la partie de l'aiguille en U sans que cela se voie ne présente pas de grandes difficultés. Ensuite, les petits cris d'horreur de l'assistance vous indiqueront clairement que votre numéro est réussi.

Si vous voulez être un peu plus impressionnant ou un peu plus sanguinolent — mais point trop n'en faut, n'oubliez pas —, vous pouvez démontrer votre insensibilité à la douleur en vous tailladant les bras à larges coups de couteau. Rien de plus simple ! Voici la clef du mystère proposée par diverses personnes depuis de fort longues années : vous préparez deux solutions saturées, l'une de thiocyanate de potassium et l'autre de chlorure ferrique. Vous vous enduisez le bras de cette dernière solution et vous le frappez avec un couteau dont la lame a été humidifiée avec la première solution. De larges traces de « sang » apparaissent là où le couteau frappe. Une fois le sang épongé, vous pourrez même démontrer votre pouvoir psychique de régénération cellulaire en éliminant toute marque et toute cicatrice.

A CANDLE IN THE DARK

L'astuce que nous venons de voir est un classique du genre puisqu'on en trouve l'explication dans des ouvrages vieux de plus de deux cents ans comme l'atteste le dessin suivant :

Nous avons là de quoi nous transpercer la tête, le corps, les bras... Et ce truc classique est encore plus ancien puisqu'on en trouve une description et un schéma dans un ouvrage sur les sorciers et leurs capacités dites « surnaturelles » qui date du XVIe siècle. Ce livre, *La Sorcellerie démasquée*, paru en 1584, est l'œuvre d'un personnage actuellement oublié et qui pourtant mérite largement d'être (re)connu et de passer à la postérité : Reginald Scot[1].

L'orthographe précise de son nom n'est même pas assurée puisque la plaque de cuivre dans l'église de la Sainte Vierge Marie à Brabourne, en Angleterre, où est censée se trouver sa tombe, porte le nom *Scott,* avec deux *t*, et cette orthographe a été utilisée par la famille pendant des générations[2]. Il semble que, sur des documents légaux, Scot ait également orthographié son nom *Scott.* Il est né en 1538, ou avant, et décédé le 9 octobre 1599.

Reginald Scot (ou *Scott* ou, peut-être, *Scotte*) représente réellement « une lueur dans les ténèbres » (*a candle in the dark*[3]) et son ouvrage *La Sorcellerie démasquée* — célèbre dans le milieu de la magie et de l'illusionnisme par la vingtaine de pages qui traitent de tours de magie — a connu une destinée spéciale : il fut frappé d'anathème et le roi Jacques Ier d'Angleterre, ordonna sa destruction.

La Sorcellerie démasquée est un ouvrage particulièrement courageux puisqu'il s'agit d'un traité rationaliste dont l'objectif premier est la démystification des superstitions de son

1. Reginald Scot, *The Discoverie of witchcraft* (1584), New York, Dover, 1972.
2. Lewis Jones, « The discoveries of Reginald Scott », *Skeptical Briefs*, vol. 10, n° 1, mars 2000, p. 13.
3. Montague Summers nous apprend dans l'introduction de 1930 à *The Discoverie of witchcraft* que Thomas Ady dans *A candle in the dark* (1656) (réédité sous le titre *A perfect discovery of witches*, 1661), se réfère souvent à Reginald Scot et à son ouvrage.

époque, en particulier de la sorcellerie. Pour comprendre l'acharnement mis à détruire ce livre, peut-être faut-il rappeler que le roi Jacques VI d'Écosse — futur Jacques Ier d'Angleterre — était, lui, en 1597, l'auteur d'un traité obscurantiste de démonologie !

Avec une méthode de recherche et d'analyse réellement scientifique et une règle de base ancrée sur le scepticisme, l'ambition de Scot est d'ouvrir les yeux de ses contemporains, essentiellement des juges puisque c'est eux qui décident du (triste) sort des sorcières et des sorciers. De plus, le livre XIII de son ouvrage constitue une mine unique pour l'histoire de la magie, au sens d'illusionnisme, puisqu'il nous rapporte de nombreuses techniques pour faire de véritables tours de sorcier. Bon nombre de ces tours se retrouvent encore aujourd'hui dans la mallette des illusionnistes.

On découvre ainsi le jeu des gobelets (une pièce ou une petite balle qui passe mystérieusement d'un gobelet à l'autre), des manipulations de pièces de monnaie (comment faire disparaître et apparaître des pièces, comment faire ramper une pièce sur le sol, la faire sauter hors d'un pot, comment fabriquer des pièces à double face, etc.), comment faire passer une corde à travers son nez, sa bouche ou sa main, comment libérer des perles enfilées sur une corde sans lâcher ses deux extrémités, ou encore comment se planter un couteau à travers le bras, la langue, se couper le nez (*cf.* illustration suivante). Le couteau de gauche est pour la langue ou, avec une ouverture du U plus large, pour le bras ; le couteau de droite pour le nez et le couteau du milieu est le couteau normal, celui que l'on montre au début et à la fin.

Pour se planter un poinçon dans la tête, à travers la langue… Scot décrit également tout ce qu'il faut (*cf.* illustration

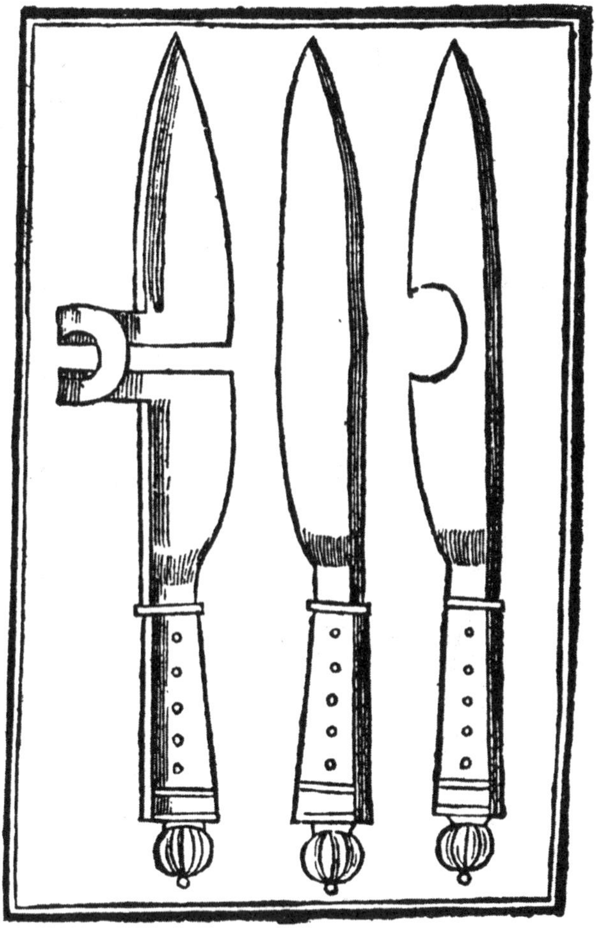

page suivante). Le poinçon de gauche est pour la langue, celui du milieu a une lame qui rentre dans le manche et celui de droite sert à la présentation et, au final, à percer du cuir pour bien montrer sa redoutable efficacité.

Si se planter une aiguille dans la langue ou se taillader le bras à larges coups de couteau vous paraît trop peu, rien ne vous empêche de faire encore plus fort et de représenter

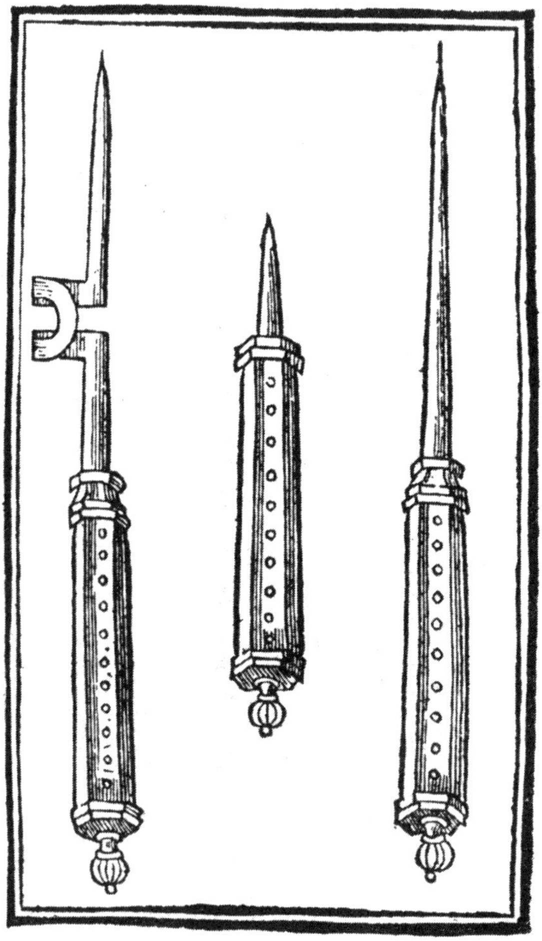

une décapitation. Scot nous apporte alors la solution : la « décollation de Jean Baptiste » ou comment couper la tête de quelqu'un, la déposer sur un plateau et qu'elle soit toujours vivante, qu'elle parle[1]...

1. Pour les lecteurs intéressés, il y a aussi le « décapité parlant » rapporté par Jean-Eugène Robert-Houdin, *Magie et physique amusante*, Book-e-book. com, 2002.

Un bon dessin valant un long discours, voici l'illustration d'origine :

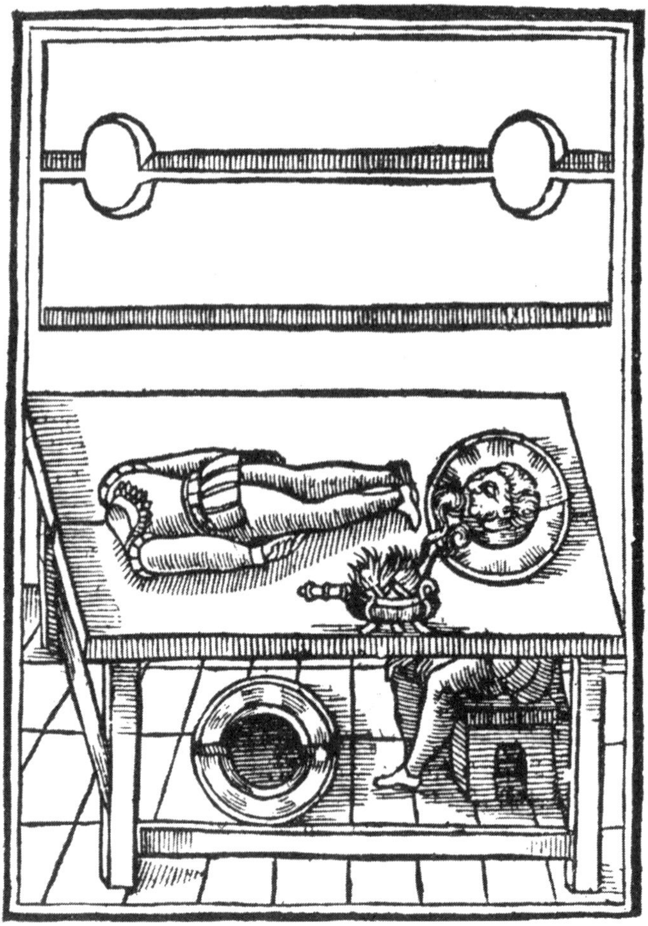

La marche sur le feu...

Maintenant que vous êtes devenu un fakir tout ce qu'il y a de plus présentable, nous ne résistons pas au plaisir de vous entretenir d'un phénomène réputé extraordinaire qui

Marche sur les braises ardentes effectuée au GLM-CNRS Marseille en mai 1992 par Henri Broch.

(Photo Yves Bosson)

exige des pouvoirs spéciaux au moins aussi forts que ceux que vous venez d'acquérir : la marche sur le feu.

Ce type de marche, sur des braises, sur des pierres chauffées au rouge, se rencontre dans de nombreux pays de par le monde depuis des époques reculées. Les États-Unis et l'Europe ont vu plus récemment fleurir des séminaires qui permettent en un seul petit et court week-end de maîtriser son « énergie vitale » et l'« alchimie du feu » qui l'accompagne, cet enseignement s'achevant en apothéose par une mar-

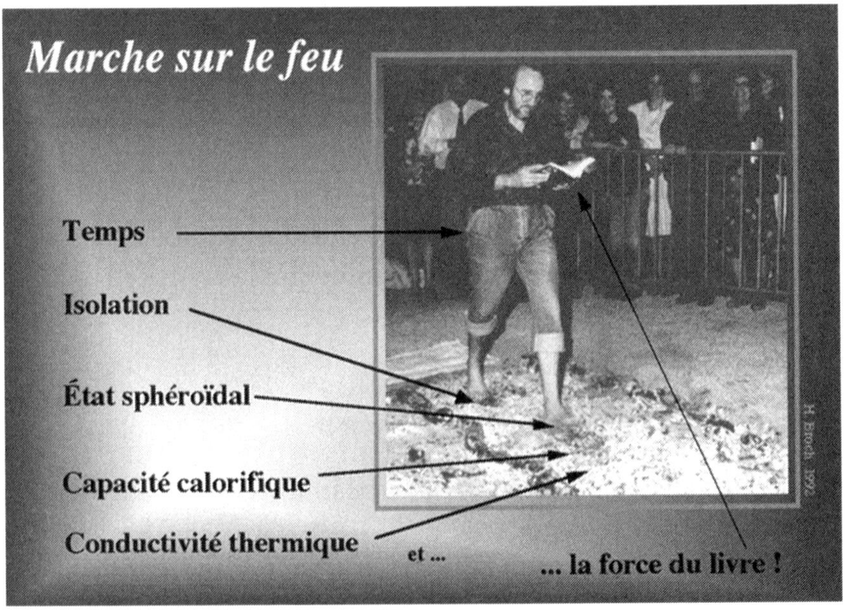

che sur des charbons ardents. Et l'on explique que « de fortes pensées peuvent jouer sur le tissu humain pour qu'il ne brûle pas lorsqu'il est exposé à la chaleur ».

L'explication tient en réalité à quelques facteurs principaux résumés sur la photo ci-dessus : le temps, l'isolation, l'état sphéroïdal, la capacité calorifique et la conductivité thermique.

LE TEMPS

Lorsqu'on marche normalement, contrairement à une idée toute faite, le temps de contact du pied avec le sol est faible, il est inférieur à la demi-seconde à chaque pas. Bien sûr, lorsqu'on marche sur le feu, on ne s'éternise pas sur les braises, personne ne s'arrête au beau milieu pour prendre une pose avantageuse ou présenter son meilleur profil à la caméra.

Cela dit, si l'on ne s'éternise pas, il ne faut pas non plus trop se presser, il faut même éviter de courir car, lorsque l'on court, on se met presque automatiquement sur la pointe des pieds et l'on présente alors une surface plus petite (pour une même masse, celle de notre corps) au contact des charbons et surtout plus sensible. La peau des orteils est en effet généralement plus fine, moins cornée que le reste de la plante des pieds.

L'ISOLATION

L'isolation que constitue une peau fortement calleuse sous les pieds est certes un facteur utile — la corne protège correctement — mais non nécessaire. Toutefois, si vous désirez tenter l'expérience, autant marcher quelques semaines pieds nus avant le jour J de manière à profiter de cette couche cornée.

L'ÉTAT SPHÉROÏDAL

L'état sphéroïdal — la *caléfaction* — est un autre élément d'explication mais son rôle est très limité dans la marche sur le feu. Qu'est-ce que l'état sphéroïdal ? Une expérience simple que vous pouvez faire dans votre cuisine va vous montrer de quoi il s'agit.

Faites chauffer *très faiblement* une plaque de cuisson électrique puis jetez dessus un dé à coudre d'eau. L'eau va s'étaler et s'évaporer très rapidement, en *moins d'une seconde*. Si, en revanche, vous réglez le chauffage de la plaque au *maximum* et attendez qu'elle soit devenue rouge vif avant d'y jeter la même quantité d'eau, alors cette eau ne va *pas* s'évaporer tout de suite. Vous pouvez déclencher un chronomètre, vous serez surpris du temps que va mettre cette goutte à disparaître : communément, *plus d'une minute et demie* !

La raison en est que l'eau *n'est pas* en contact direct avec la plaque si celle-ci est très chaude ; un coussin de vapeur s'est créé instantanément sous la goutte lorsque vous avez versé l'eau et cet écran protège en quelque sorte la goutte d'eau puisque la vapeur a une faible conductivité thermique, c'est-à-dire qu'elle transmet faiblement la chaleur de la plaque vers la goutte d'eau.

Certains marcheurs s'humidifient les pieds avant de se lancer dans l'angoissante épreuve pour tirer parti de l'état sphéroïdal. Bien que chacun soit seul responsable de ses pieds, il paraît plus sûr, au contraire, de les sécher avant la marche afin d'éviter qu'une braise n'adhère au pied, ce qui serait évidemment bien douloureux.

L'état sphéroïdal n'est en fait pas réellement significatif dans la marche sur le feu. Mais il le sera dans d'autres « miracles du feu ». C'est ainsi qu'il intervient comme facteur principal si vous plongez — en tremblant tout de même un peu — votre main délicatement dans du plomb en fusion ou si vous passez votre langue sur une lame de couteau chauffée à blanc[1].

CAPACITÉ CALORIFIQUE ET CONDUCTIVITÉ THERMIQUE

Les deux raisons principales rendant possible la marche sur le feu sont que les matériaux sur lesquels on marche ont une faible *capacité calorifique* et surtout une mauvaise

1. Il faut souligner que, dans le cas du fer chauffé au rouge ou de métaux fondus, il s'agit de chaleur qui se propage par radiation : c'est pourquoi l'état sphéroïdal a son importance dans ces cas-là. En revanche, dans la combustion des charbons, la chaleur est obtenue par des réactions chimiques (oxydation) et l'état sphéroïdal voit son importance, lors du contact, diminuer au profit de la privation du comburant nécessaire.

conductivité thermique alors que nos pieds ont une assez bonne capacité calorifique[1].

Ce que l'on nomme « capacité calorifique » est la faculté plus ou moins grande que possède un corps d'emmagasiner de l'énergie sous forme de chaleur. La « conductivité thermique » est l'aptitude plus ou moins grande que possède un corps de conduire, d'écouler dans un sens ou l'autre, la chaleur.

Prenons l'exemple d'un poulet en train de cuire dans un four dont vous avez réglé le thermostat à 200° Celsius. Au bout d'un moment, tout, à l'intérieur du four, est évidemment à 200° Celsius. Or, lorsque vous l'ouvrez, vous n'avez absolument pas peur de mettre votre main dans l'*air* du four, air qui est pourtant à cette même température de 200 °C ! En revanche, vous prenez garde de *ne pas toucher* le poulet, lui aussi à 200 °C ; et vous prenez surtout bien garde de ne pas toucher le plat — toujours à 200 °C — dans lequel se trouve le poulet. Tout le monde sait d'instinct (et surtout d'expérience !) que des matériaux différents portés à la *même* température peuvent avoir des capacités de brûlage et des aptitudes de transfert de chaleur *différentes*. Le poulet vous brûlera moins vite que le plat métallique dans lequel vous l'avez placé…

Et si toutes les explications physiques qui précèdent ne vous suffisent pas, il vous reste toujours la « force du livre[2] » !

En résumé, n'importe qui peut marcher sur des braises avec de *faibles risques de brûlure*. Mais attention ! « Faibles risques

1. Tout cela favorisé par le fait que — *cf.* note précédente — en marchant sur les charbons, on prive ces derniers de l'apport d'oxygène au point de contact avec le pied et l'incandescence y est ainsi momentanément stoppée.
2. Henri Broch a effectué la marche sur le feu montrée en photo en lisant le chapitre de son livre *Au Cœur de l'Extra-Ordinaire* qui en donne l'explication physique.

de brûlure » ne signifie pas « risques de brûlure faible ». Relisez bien cette phrase. Ce sont les risques qui sont faibles ; si vous vous brûlez, vous vous brûlez *bien* !

Ainsi, il n'est en rien nécessaire de faire appel à des explications paranormales, parapsychologiques ou surnaturelles pour expliquer le phénomène de marche sur le feu[1]. Plusieurs personnes, à des époques différentes, ont d'ailleurs tenté, et réussi, d'autres expériences « hors normes » : toucher du fer chauffé au rouge avec ses doigts, avec sa langue, courir pieds nus sur du fer chauffé au rouge, plonger les doigts dans du plomb, du cuivre jaune ou du fer fondus, ou bien se laver les mains dans de la fonte en fusion à la sortie d'un fourneau[2] !

Bien sûr, il arrive que des participants à une marche sur le feu se brûlent. Le pouvoir, ou non-pouvoir, mental ou psychologique de la personne qui s'est brûlée n'y est pour rien, c'est simplement dû au fait que tous les facteurs sont difficilement contrôlables. D'ailleurs, le fait de savoir que la physique vous donne raison ne vous empêche pas d'être bigrement nerveux avant le passage sur les charbons ardents. En effet, on sait bien que, lorsqu'on connaît les *principes* impliqués dans un effet, cela ne donne pas pour autant la connaissance des *procédés* qu'il faudrait suivre pour prendre le minimum de risques. Et, pour couronner le tout, les encouragements de votre entourage ne sont pas spécialement faits pour vous desserrer les tripes : « Et si cela rate, ne compte pas sur moi pour pousser le fauteuil roulant ! »

---

1. Nous rappelons qu'Antoine Bagady, professeur de karaté, a parcouru sans se brûler 60 mètres sur des braises ardentes à plus de 800 °C en 1989. Et cela, sans aucune allégation de pouvoir paranormal.
2. *Cf.* en particulier les exemples de Mayne Reid Coe et de Jean-Eugène Robert-Houdin détaillés dans *Au Cœur de l'Extra-Ordinaire, op. cit.*

Rassurons-nous sur un autre plan, celui de l'efficacité de cette chaude démonstration concernant les allégations de gourous et consorts. Proposons par exemple aux soi-disants initiés disposant de prétendus pouvoirs paranormaux qui leur permettraient de vaincre la chaleur et le feu, de rester[1] un petit laps de temps[2] pieds nus sur un objet bien plat, bien stable, qui serait à la même température que les charbons dont ils tirent leur fierté. Cet objet serait une banale plaque de cuivre… Initiés peut-être, mais pas fous, ils refuseront certainement !

Un « torsionnaire » en démonstration…

Imaginons la situation. Vous êtes enseignant et vous pénétrez dans l'arène que constitue un amphithéâtre d'un peu plus de deux cents places. Face à votre public estudiantin, vous commencez votre cours. Un cours un peu particulier, un cours sur « Les pouvoirs de l'esprit ». Après force déclarations et affirmations introductives sur les pouvoirs de psychokinèse qui auraient été démontrés par différents médiums, vous vous lancez dans une diatribe sur ces pouvoirs exotiques qui seraient curieusement réservés à quelques initiés. Et pourquoi n'aurions-nous pas tous de tels pouvoirs ? Pourquoi penser qu'ils sont le privilège exclusif des « élus », des « guides », des « médiums » qui — comme leurs noms l'indiquent — ne sont en fait que des « moyens » au

1. Pour qu'ils ne se fatiguent point à marcher.
2. Tout simplement le même que la durée de contact qu'ils revendiquent pour leur marche sur le feu.

service d'entités supérieures ? Doit-on vraiment avoir des neurones spéciaux pour tordre clefs et petites cuillères ?

— « Tordre du métal par la simple action de son esprit, nous devrions tous en être capables avec un peu d'entraînement... Pourquoi ne pas tenter l'expérience ici, tous ensemble ? »

Vous tenez un brin de métal dans la main[1] et vous l'exhibez à la ronde.

— « Nous allons essayer avec ce bout de fil de fer. Si vous êtes d'accord, nous allons nous concentrer sur lui jusqu'à le tordre. Nous allons même, avant, le déformer dans tous les sens pour lui donner une forme vraiment quelconque. »

Vous le déformez donc. Vous conviez des étudiants des premiers rangs à le déformer aussi. Vous tenez votre bout de fil de fer dans la main.

— « Vous le voyez bien ? Tout le monde le voit ? Nous pouvons commencer l'expérience ? Tout le monde le voit ? Oui ? Non ? Non ! C'est dommage ! »

Évidemment pas grand monde, hormis les plus proches étudiants, ne peut percevoir clairement ce petit bout de fil d'environ 1 ou 2 millimètres de diamètre et une vingtaine de centimètres de long. Alors vous glissez négligemment :

— « J'ai une idée... on va le mettre sur le rétroprojecteur allumé et, ainsi, vous le verrez tous, même au fond de l'amphi. En tout cas, vous verrez son image en grand sur l'écran. »

---

1. Si vous pensez que, malgré votre boniment, quelques étudiants (se) poseront — judicieusement — la question de savoir d'où vient ce bout de métal que — étrangement — vous aviez sur vous pour le cours, rien ne vous empêche de le présenter ainsi : « Tenez ! Prenons simplement le trombone qui tient ces feuilles ! Il va nous servir d'objet métallique pour l'expérience. » Vous prenez alors ce trombone, ce petit bout de métal et vous le montrez à la ronde.

Vous posez votre fil tordu sur le rétroprojecteur.

— « Maintenant, concentrons-nous. Et nous allons voir si nos ondes psychiques réunies peuvent avoir un effet ou non. Pensez fortement au fil de fer ! Pensez fortement au fil de fer ! »

Pas grand-chose ne se passe et le fil de fer reste toujours très sage tandis que les secondes, et même quelques minutes, défilent.

— « Après tout, peut-être n'avons-nous pas de pouvoir. Concentrons-nous encore plus ! Une dernière tentative ! Pensez fortement au fil de fer ! »

Et là, à la grande surprise de toutes les personnes présentes, on aperçoit *de visu* un phénomène PK, un phénomène de psychokinèse : le fil de fer frémit légèrement, frémit plus nettement, se plie, se déplie, se contorsionne lentement tout seul et prend la forme d'un Z.

Ce que vos étudiants viennent de voir — et dont leur forte concentration mentale ou la vôtre n'est en rien responsable —, c'est tout simplement une application de l'« effet de mémoire de forme » d'un métal particulièrement bien adapté pour ce genre de présentation : du *Nitinol*, un alliage de *Nic*kel et de *Ti*tane, élaboré par le *Naval Ordnance Laboratory* (laboratoire du service du matériel de la marine américaine).

L'effet mémoire de forme peut se résumer ainsi : on donne la forme que l'on désire à un AMF (alliage à mémoire de forme), on maintient cette forme tout en chauffant le métal et, après un brusque refroidissement, ce métal peut être déformé à volonté assez largement mais conserve néanmoins en mémoire la *forme primitive* qu'on lui a donnée et qu'il retrouvera dès qu'il atteindra une certaine température critique. Dans le cas que nous venons de décrire, la chaleur nécessaire à cette transition est tout simplement apportée par l'ampoule du rétroprojecteur.

Les fabricants d'alliages à mémoire de forme peuvent régler la température critique sur une plage très large et cela permet de nombreuses applications des AMF. Ces derniers servent ainsi de[1] :

- thermomarqueurs agroalimentaires pour détecter des ruptures dans la chaîne du froid ;
- manchons d'accouplement de tubulures permettant de faire une jointure étanche par simple insertion des tubes à accoupler dans un manchon d'AMF ;
- valves antifeu, détecteurs d'incendie, sécurités thermiques dans des systèmes de chauffage ;
- amortisseurs divers en utilisant la superélasticité de ces matériaux ; des centrales nucléaires utilisent également des plots amortissants en AMF ;
- branches de lunettes superélastiques : si elles ont été tordues accidentellement, on les passe sous l'eau chaude et elles retrouvent leur forme d'origine ;
- arcs dentaires, fils dentaires superélastiques, beaucoup plus faciles à poser sans avoir besoin de les retendre régulièrement ;
- agrafes médicales permettant de maintenir en place, par exemple, les deux fragments d'un os brisé en utilisant simplement la chaleur du corps humain : à basse température, l'agrafe est ouverte et se ferme à la température corporelle.

Des alliages à mémoire de forme servent même à la protection sismique de la basilique italienne de Saint-François d'Assise endommagée par un séisme en 1997. En effet, l'intérêt

---

1. V. Borde, « Les alliages à mémoire de forme », *Industries et Techniques*, n° 755, décembre 1994, p. 70-73.

des AMF a été démontré dans ce cas bien particulier du risque sismique : ils permettent d'amortir, d'absorber les chocs grâce à leur grande flexibilité tout en soutenant les bâtiments du fait de leur solidité. Les structures ainsi protégées peuvent résister à une secousse nettement plus forte que celle qui détruirait un bâtiment équivalent renforcé par des barres d'acier.

Bien sûr, les magiciens, les illusionnistes ne sont pas en reste et les premiers tours de magie utilisant des métaux à mémoire remontent déjà à plus de trente ans ! Et, lorsque le métal que vous possédez a une température critique de l'ordre de 25 °C, les applications permettant de démontrer votre pouvoir de médium ayant un don de psychokinèse deviennent vraiment nombreuses. Bien sûr l'application en rétroprojecteur est assez concluante, mais la plus belle est peut-être de déformer ce « vulgaire fil de fer » que vous venez de présenter et de le placer sur votre main, paume largement ouverte dirigée vers le haut. Vous amenez alors votre seconde main ouverte, paume vers le bas, au-dessus du fil de fer et, sans jamais exercer la moindre contrainte sur celui-ci, « par votre simple pouvoir psychique » — bien sûr la chaleur dégagée par vos mains y sera en réalité pour beaucoup plus que votre magnétisme de médium —, le métal va se tordre et prendre une forme particulière comme un Z, un cœur ou un ressort.

Mais attention ! Ce qu'on vient de lire ne signifie pas nécessairement que, lorsqu'on assiste à des démonstrations de pouvoirs psychiques, tels que la torsion de cuillères ou de clefs à la Uri Geller, on soit en présence de tels métaux à mémoire. La méthode utilisée par certains médiums peut être différente et c'est là que l'on touche du doigt la puissance malfaisante de bons prestidigitateurs qui ont décidé de s'investir dans la duperie malhonnête.

Il existe des artistes de la prestidigitation. L'un d'entre nous (GC) a pu apprécier l'habileté d'un artiste opérant dans un restaurant à la mode des quais de la Seine qui lui a subtilisé la montre qu'il avait au poignet. De nombreux clients ont été ainsi délestés de leur montre et de leur portefeuille qui leur ont été évidemment restitués au bout de cinq minutes.

Un médium peut donc emprunter à des spectateurs des clefs ou des cuillères en les tordant subrepticement sans avoir à employer le subterfuge de l'alliage spécial que nous avons décrit. L'un d'entre nous (HB) a mis en œuvre ce tour avec ses étudiants : il leur demande de lui confier leurs clefs et il détourne leur attention un laps de temps suffisant pour leur rendre les clefs tordues. La méthode est discrète, simple, efficace et rapide : on choisit, parmi celles qui sont présentées, une clef qui possède un anneau[1] avec une grande ouverture qui servira à faire un puissant bras de levier sur toute autre clef dont on glissera simplement l'extrémité à l'intérieur. Les étudiants en restent tout ébahis car ils ont l'impression qu'il a simplement effleuré leurs clefs.

Comment certaines personnes n'attesteraient-elles pas en toute bonne foi que leur clef, une clef parfaitement banale, « s'est tordue sous l'effet de la force mentale du médium » ! À ceux qui ont des clefs trop solides, il est toujours loisible de rétorquer que leur mental est trop fort, position de repli du médium mais valorisante pour les sujets. C'est dans ces tours de passe-passe que se manifeste la maestria d'un prestidigitateur. Elle ne doit pas l'empêcher de rester honnête !

1. L'anneau est la partie d'une clef qui permet sa prise en main. Une clef de forme ancienne se compose d'un anneau, d'une tige et d'un panneton ; les clefs modernes sont plutôt de forme tige simple ou clef plate mais on en trouve toujours avec une ouverture dans l'anneau qui soit suffisamment grande pour pouvoir y introduire l'extrémité pointue d'une autre clef.

Un jour, Frédéric Joliot a entendu s'esclaffer de jeunes physiciens pendant le repas. Il s'est enquis des raisons de leur gaieté. On lui expliqua que l'un d'entre eux pouvait, par la force de son esprit, forcer les autres à choisir dans une de ses mains une pièce d'une certaine couleur. Trois séries de succès obtenus l'un à la suite de l'autre devant des rationalistes sceptiques professionnels attestaient de la réalité du pouvoir mental de l'opérateur. Frédéric Joliot sourit et dit : « Il triche. Expliquez-moi comment il fait. »

Il importe peu que vous soyez toujours en mesure de mettre au jour une supercherie. Votre maturité et votre expérience se mesurent à votre capacité à ne pas gober les explications de phénomènes peu communs, voire apparemment invraisemblables, sans faire appel à votre esprit critique adossé aux acquis de la science et au volume incommensurable de toutes les fables que l'humanité s'est laissée conter pendant le dernier siècle.

Chapitre 3

LES COÏNCIDENCES EXAGÉRÉES...

Les prodiges de Dame Nature

Une licorne répondant au nom de Lancelot se promène tranquillement dans le parc de Redwood en Californie. Fabuleux n'est-ce pas ?

Si l'on y regarde de plus près, cette licorne est loin de l'image mythique transmise de génération en génération puisqu'il s'agit simplement d'un cabri. Mais pas n'importe quel cabri, puisque nous sommes en présence du célèbre cabri de ce parc américain dont le tissu, se formant au centre du front et donnant normalement naissance aux cornes, ne s'est pas divisé et a donné une longue et unique corne centrale.

Une revue de vulgarisation scientifique[1] nous faisait de même découvrir, il y a quelques années, une tortue — bien

1. « Monstres : quand les gênes bégaient », *Science et Vie Junior*, n° 52, octobre 1993.

vivante — avec… *deux* têtes, ainsi qu'un serpent lui aussi doté de *deux* tels appendices. Et que penser, dans le genre « merveille de la nature », de ce gros lézard de près de 200 grammes et 60 centimètres qui traverse *en courant sur l'eau* un lac de plusieurs centaines de mètres de large[1] ?

Les ressources insoupçonnées de la nature sont un réservoir inépuisable de surprises pour l'*Homo sapiens*, tel ce basilic. Ses *défaillances*, comme la tortue et le serpent à deux têtes, qui ne laissent pas non plus de nous surprendre, n'en sont pas moins *naturelles*, et, si elles sont *anormales*, elles n'ont rien de *paranormal*.

Le règne animal n'est pas le seul recéler des merveilles. Le règne minéral n'est pas en reste avec ce parallélépipède mystérieux, aux arêtes vives de plusieurs centimètres de long et bien perpendiculaires les unes aux autres. Un véritable objet usiné, digne de *2001 : L'Odyssée de l'espace*. Par quelle coïncidence extraordinaire le trouve-t-on dans des couches archéologiques très anciennes, dans des couches géologiques ? A-t-il été déposé là par des extraterrestres pour témoigner de leur passage sur notre Terre dans un passé lointain ?

Avant de se lancer dans ces affabulations, autant savoir que ce bloc apparemment usiné est en fait on ne peut plus naturel puisqu'il s'agit de pyrite, un sulfure de fer[2] qui cristallise en mode cubique.

Le règne animal, le règne végétal, le règne minéral nous offrent bien des surprises et il y a certainement *dans* la nature

1. Le *basilic* est un lézard à crêtes (tête et dos) d'Amérique tropicale qui a une masse de l'ordre de 200 grammes et mesure environ 60 centimètres, queue incluse. Cet animal peut effectivement se déplacer sur l'eau à près de 12 kilomètres/heure. Sa tenue sur l'eau est due à plusieurs phénomènes physiques dont l'effet de rame des pattes postérieures (accentué par l'extrême rapidité du mouvement de ces pattes), la minimisation des forces de retenue de l'eau *via* les cavités d'air que les pattes créent par une rapide rotation de leurs extrémités, et les impulsions verticales résultant des gifles données par les pattes sur l'eau.

2. FeS_2. Celui dont nous parlons provient de Logroño dans les Pyrénées espagnoles.

plus de choses extraordinaires à découvrir que ce que les tenants des « coïncidences exagérées[1] » nous présentent comme surnaturel, « au-dessus » de la nature.

Les coïncidences exagérées : le thème est lâché... Nous voudrions montrer comment, à partir de réflexions et de calculs somme toute assez simples, le roseau pensant qu'est l'homme est en mesure de comprendre ces coïncidences et de se rendre compte qu'elles n'ont souvent rien d'« exagéré ». En d'autres termes, nous voudrions montrer que l'extraordinaire peut fort bien se produire — y compris dans notre vie quotidienne — par une cause on ne peut plus *naturelle*.

Psychokinèse ? À vous de jouer !

UN BRILLANT ESPRIT ÉCLATANT

Le présentateur se tourne vers la caméra principale et, d'un air très sérieux et enjôleur, regarde le téléspectateur droit dans les yeux en déclarant : « Allez-y ! Allumez cinq ou six lampes à côté de vous ! » Puis il se tourne vers le médium et demande : « Vous pensez réellement pouvoir le faire ? » Après quelques moments d'hésitation, le mage se prononce : « J'espère avoir suffisamment de concentration ce soir, mais je ne suis pas dans les conditions vraiment idéales ; pour produire ce genre de phénomène à distance, d'habitude je me retire pendant plusieurs

1. *Cf.* « Le sanatorium des coïncidences exagérées », édifié par Charles Fort, *Le Livre des Damnés*, Paris, Deux Rives, 1955 (livre publié à l'origine en 1919). Par une coïncidence extraordinaire, nous trouvons dans cet ouvrage — publié dans une collection dirigée par Louis Pauwels — un avant-propos de Jacques Bergier. Une union de magiciens avant la lettre.

jours dans une solitude totale et une profonde obscurité, après un jeûne strict. » Si jamais il échoue, le public le mettra au compte des circonstances et non pas de ses compétences.

Et, pourtant, le médium n'échoue pas. Des ampoules grillent chez les téléspectateurs qui regardent cette émission. Ils en font part au standard téléphonique de la chaîne qui diffuse en direct cet extraordinaire moment de culture. Le médium a donc bien réussi — comme il le prétendait —, en concentrant sa puissance spirituelle sur la matière, à griller des ampoules électriques à distance.

Extraordinaire, n'est-ce pas ? Pas si sûr ! Voyons les choses de plus près !

Supposons que cette émission soit suivie par environ un million de téléspectateurs — rappelons qu'une émission comme *Mystères* sur TF1 l'était par plus de *dix* millions de personnes ! — et qu'elle dure une heure ou plus. Cela signifie qu'environ 5 à 6 millions d'ampoules ont été allumées pendant une heure ou plus. Si des téléspectateurs n'ont pas voulu jouer le jeu ou bien se sont lassés ou résolus au bout d'un moment, par mesure d'économie, à éteindre quelques-unes de ces lampes, cela peut nous ramener jusqu'à 2 millions de lampes allumées pendant une heure.

Or la durée de vie moyenne d'une ampoule à incandescence est de 1 000 heures. Ce qui signifie que, pendant la durée de l'émission, il y aura environ *2 000 lampes grillées*[1] !

1. Parmi les ampoules choisies de manière totalement aléatoire chez les téléspectateurs, il n'y a aucune raison bien sûr que le choix privilégie uniquement des ampoules très récentes ou uniquement des ampoules très vieilles. Tout se passe comme si, globalement, sur les 2 000 000 d'ampoules au total, nous avions 2 000 ampoules qui n'ont qu'une heure de vie, 2 000 ampoules qui ont deux heures de vie, 2 000 ampoules qui ont trois heures de vie, etc., 2 000 ampoules qui ont 999 heures de vie et 2 000 ampoules qui ont 1 000 heures de vie. Donc si l'émission dure une heure, ces 2 000 dernières ampoules citées atteindront leur limite de durée de vie et grilleront.

Le simple hasard explique donc largement les nombreux coups de téléphone qui vont arriver au standard pour témoigner du pouvoir du médium.

VOTRE FLUIDE TRAVERSE L'ESPACE

Imaginez que vous ayez été présenté à la télévision ou à la radio comme un grand médium aux pouvoirs psychiques étonnants, notamment de psychokinèse, vous permettant, entre autres mille choses, de contrôler à distance la chute d'une pièce de monnaie.

Les téléspectateurs sont alors invités à tester votre pouvoir. Le présentateur leur demande de se munir d'une pièce de monnaie et de la lancer en l'air dix fois de suite, en notant à chaque fois de quel côté elle est tombée.

Les téléspectateurs — rappelons-le, plus de dix millions pour une émission comme *Mystères* ! — font leurs lancers devant l'écran cathodique qui leur présente en gros plan votre visage crispé par votre immense concentration mentale, force mimiques et soupirs à l'appui, afin de transmettre votre fluide à travers l'espace. Et plus d'*un million de personnes* (relisez bien le nombre !) chercheront à téléphoner ensuite pour témoigner qu'effectivement, sous le contrôle de votre pensée, leurs pièces ont été obligées de tomber préférentiellement d'un même côté.

Le standard téléphonique « explose ». Le présentateur exulte, le producteur se frotte les mains... Plus de 20 000 (oui *vingt mille*) personnes jurent, témoignent, certifient et signent des deux mains, que tous leurs lancers, oui *tous sans exception*, ont donné le même côté de la pièce. Dix fois *pile* d'affilée, dix fois *face* d'affilée, ce qui est impossible naturellement, bien sûr, tout le monde le sait.

Quels fabuleux pouvoirs vous venez de montrer là ! Nul doute que votre cote ne monte d'un très gros cran. Et pourtant, votre fluide n'y est peut-être pas pour grand-chose. Examinons la situation et décidons de faire un lancer de pièces de monnaie. Voici le tableau que, pour notre part, nous avons obtenu en lançant dix fois une pièce de monnaie et en répétant cette expérience vingt fois, c'est-à-dire à la place de vingt personnes, de Albert à Thérèse.

	Albert	Bénédicte	Cédric	Denis	Esmeralda	Francis	Gérard	Hélène	Irène	Joseph	Kevin	Louis	Marie	Noémie	Odile	Pascal	Quichua	Raoul	Sophie	Thérèse
1	P	F	P	P	F	P	F	P	F	F	P	F	P	F	P	F	P	F	P	P
2	F	F	F	F	F	F	F	F	F	P	P	F	P	P	F	F	P	F	F	F
3	P	F	F	F	P	F	F	F	P	F	F	F	P	P	F	F	F	P	F	F
4	F	F	F	F	F	P	P	F	P	F	F	F	F	F	F	F	P	P	F	F
5	P	F	P	F	F	P	F	P	P	P	P	P	P	F	P	P	F	F	F	P
6	P	P	F	P	P	F	F	F	F	F	P	F	P	P	P	P	P	P	P	P
7	F	F	F	P	F	F	F	P	P	P	P	P	F	P	F	F	P	P	P	P
8	P	P	P	P	P	F	F	F	F	F	P	P	P	F	P	F	F	P	F	F
9	F	P	P	P	P	P	F	F	P	P	F	P	P	P	P	F	P	F	F	F
10	F	P	F	P	P	F	F	P	P	P	P	F	P	P	F	P	P	P	P	P
total	*5F 5P*	*6F 4P*	*6F 4P*	*4F 6P*	*5F 5P*	*6F 4P*	*9F 1P*	*6F 4P*	*4F 6P*	*5F 5P*	*3F 7P*	*6F 4P*	*2F 8P*	*4F 6P*	*5F 5P*	*7F 3P*	*3F 7P*	*4F 6P*	*6F 4P*	*5F 5P*
≥8?							X						X							

Pour chacune de ces vingt personnes, nous faisons le total des *piles* (P) et des *faces* (F) obtenus et nous voyons alors que Marie a obtenu 8 fois *pile* et que Gérard, lui, a obtenu 9 fois *face* !

À VOUS DE JOUER !

Afin de vous persuader vous-même des possibilités de tels tirages, nous vous présentons ci-dessous un tableau dans lequel vous n'aurez qu'à reporter les totaux. La manière la plus simple de procéder est de se munir de dix pièces de manière à éviter de lancer dix fois de suite une seule pièce, comme nous l'avons fait précédemment. La démarche est tout à fait équivalente. Il suffit de prendre en main les dix pièces, de les mélanger puis de les jeter sur la table et de compter tout simplement combien de *piles* et de *faces* ont été obtenus. Cela rendra compte des dix lancers successifs qu'aurait fait une personne A. Vous reportez alors dans le tableau les valeurs de *face* et *pile* obtenues pour A et recommencez pour B, C et les autres.

	Aline	Bernard	Christine	Daniel	Esther	Florent	Georges	Henri	Isabelle	Julie	Kathia	Laurette	Marion	Nadine	Ophélie	Paul	Quentin	René	Sylvain	Tristan
Nb de face																				
Nb de pile																				
≥ 8 ?																				

~ *STOP !* ~

Faites-le réellement. Interrompez votre lecture et allez chercher dix pièces de monnaie et un stylo.

In fine, vous cochez les personnes qui ont obtenu huit, neuf ou dix fois un même côté. Et le phénomène qui paraissait si *improbable*, si « extraordinaire », sera tout simplement ainsi mis en évidence sous vos yeux ; il se sera réalisé. Il y a en effet très peu de chances pour que ce ne soit pas le cas. Contrairement à ce qu'on suppose *a priori*, la probabilité d'obtenir un nombre important de fois le même côté n'est pas si faible que cela. Le calcul[1] montre que nous avons près de 11 % de chances d'obtenir au moins huit fois le même côté.

Si nous nous restreignons aux dix mêmes côtés, cela nous donne quand même 1 chance sur 512[2]. Autrement dit, si seulement un peu plus de cent mille personnes participent à l'expérience, il y aura environ deux cents personnes qui obtiendront cette suite vraiment extraordinaire : dix *pile*s ou dix *face*s d'affilée.

L'illusion du petit effectif...

L'effet qui, très souvent, nous donne l'impression que quelque chose qui se produit présente une faible probabilité d'occurrence, c'est-à-dire « a peu de chances de se produire », est un effet qu'on peut appeler l'« illusion du petit effectif ». On oublie très souvent que, si un événement a peu de chances de se produire sur un petit nombre d'essais ou un petit nombre de cas, il présente en revanche, lorsque les essais ou

1. *Cf.* l'annexe « Lancer de pièces et probabilités ».
2. Étant donné que nous n'avions pas précisé à l'avance quel devait être le côté — pile ou face — qui devait arriver, nous profitons ainsi des deux possibilités. Nous avons 1 chance sur 1 024 d'avoir dix « pile » d'affilée et 1 chance sur 1 024 d'avoir dix « face » d'affilée, d'où le « 1 chance sur 512 ».

les cas sont nombreux, une plus forte probabilité. Encore faut-il être au courant de tous les essais, de tous les cas.

Dans le dessin qui suit, nous allons pénétrer au cœur des sanctuaires de recherches parapsychologiques. Nous pourrons ainsi découvrir onze médiums (ligne du bas) en train de se concentrer lors d'une expérience dont nous laissons le choix du sujet, de la méthodologie et de l'instrumentation à votre totale et entière disposition. Il peut s'agir de divination de cartes, de vision lointaine (*remote viewing*), de voyance sur photos, de télépathie avec des cartes de Zener[1], cela n'a aucune importance, cela ne change rien à la réflexion que nous allons mener.

Lors du premier test, quatre médiums échouent et sept réussissent. Lors du deuxième test, deux médiums n'ont pas bien fait fonctionner leurs pouvoirs psychiques et quittent donc la scène en laissant cinq de leurs collègues plus doués (ou plus chanceux). Lors du troisième test, de nouveau deux médiums n'ont pas été à la hauteur et laissent donc trois autres poursuivre l'expérience. Lors du quatrième test, seul un médium sur les trois réussit. Ce sujet est déclaré « époustouflant » et lève donc les bras en signe de victoire.

Imaginons alors que ce médium ait réussi en fait à passer, par le plus pur des hasards, des épreuves qui n'avaient rien de draconiennes, qui présentaient environ une chance sur onze de réussir. Serait-il toujours jugé aussi « époustouflant » ?

1. Les cartes de Zener, devenues très célèbres depuis leur utilisation par le Dr Rhine, ne sont rien de plus que des cartes qui portent seulement cinq symboles différents (carré, rond, croix, étoile et vague) en lieu et place des symboles d'un jeu de cartes classique qui semblaient trop difficiles à déchiffrer par perception extrasensorielle. Ce type de cartes est souvent regroupé par paquets de vingt-cinq, c'est-à-dire que chaque symbole est répété cinq fois.

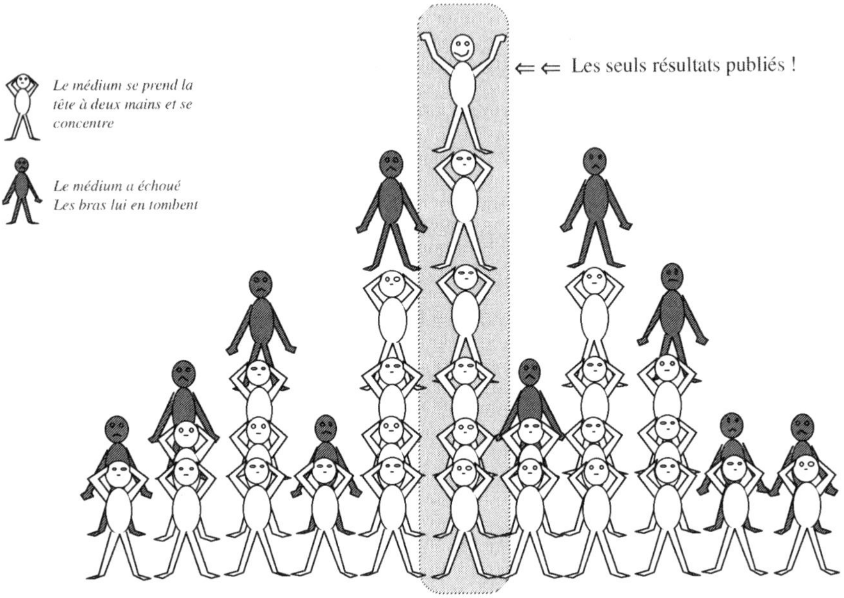

Pour en décider, il est nécessaire que toute l'information soit disponible, en particulier que l'on soit au courant du fait qu'il y avait au départ plusieurs médiums participant aux tests. Or, très souvent, les résultats du médium doué sont les seuls publiés !

Cet exemple, simplifié et réduit en nombre de médiums comme en nombre de tests, montre bien qu'il est nécessaire, dans un type d'expérience donné, de bien connaître le point de départ et tous les résultats car le jugement et la conclusion doivent évidemment s'établir sur l'ensemble des données et non sur un sous-ensemble, sur une partie restreinte quelle qu'elle soit.

La sélection des sujets ou des données est un des points clefs auxquels on doit s'intéresser lorsqu'on aborde les expériences dites de « parapsychologie ». Le contexte de ce genre d'expériences, dans lequel la sélection en question est partie prenante, induit un type d'incertitude souvent ignorée ou négligée. Or il faut rappeler que l'incertitude sur une donnée est tout aussi importante que la donnée elle-même, puisqu'elle décide de la fiabilité que l'on peut accorder à cette dernière et, par voie de conséquence, de la fiabilité à accorder à la théorie reposant sur ce résultat.

La sélection des données, par exemple, doit être examinée sous tous ses aspects, y compris sous l'aspect un peu particulier que nous montrons, à savoir la non-publication des données négatives. Irving Langmuir (prix Nobel de chimie 1932) raconte[1] que son neveu David Langmuir avait fait, avec quelques collègues, plusieurs *milliers* de tirages de cartes façon Rhine[2] et que, ayant obtenu un « retour à la moyenne », donc quelque chose de tout à fait normal, « ils n'ont pas écrit à Rhine et n'ont pas publié sur le sujet ».

Mais, bien sûr, il n'y a pas que des erreurs involontaires et des conclusions erronées dues à l'illusion du petit effectif. Il y a également quelquefois des oublis ou des éliminations volontaires de données contredisant l'hypothèse parapsychologique de départ ; nous sommes alors en face de données trafiquées. Bien que, très souvent, les personnes enquêtant sur ces sujets dits « paranormaux » évitent de formuler trop clairement ou abruptement les constats qu'elles font et se servent alors de périphrases qui noient le poisson, il est encore utile de rappeler que la fraude

1. Irving Langmuir, « Pathological Science » (transcrit et préparé pour l'édition par R. N. Hall), *CRD, Technical Information Series*, rapport n° 68-C-035 (13 pages), avril 1968. Exposé fait le 18 décembre 1953 au Knolls Research Laboratory.

2. Joseph Banks Rhine est souvent présenté comme le père de la parapsychologie scientifique ; il a été nommé à la fin des années 1920 à l'Université Duke, à Durham (États-Unis), à une chaire de psychologie (alors qu'il était botaniste !) et s'est lancé dans des travaux avec des médiums professionnels pour prouver la survie après la mort ou les pouvoirs télépathiques d'une jument. Puis il s'est fait connaître par ses expériences de perception extrasensorielle.

semble bien une des sources principales (sinon *la* source principale) de résultats en recherche parapsychologique[1].

Irving Langmuir a ainsi témoigné que Rhine, qu'il a rencontré et avec qui il a longuement discuté, avait dissimulé des centaines de milliers de résultats négatifs ! Son jugement est sans appel : « Aucun homme sain d'esprit ne pourrait écarter des données de la manière dont Rhine l'a fait... Aussi je ne tiens pas en très haute estime ses travaux. »

L'illusion du petit effectif a donc deux sources. Soit une erreur de méthode ou de rapport d'expérience commise en toute bonne foi par l'expérimentateur qui ne maîtrise pas ses propres données, soit une malhonnêteté intellectuelle, une mauvaise foi, qui conduit à l'élimination volontaire de résultats négatifs. On trouve là l'origine des découvertes sensationnelles qui ont fait pendant de longues années les délices des chasseurs de mystères invalidant la « science officielle ».

Paradoxal ? Vous avez dit paradoxal ?

Il y a quelquefois — pas souvent, mais quelquefois — des choses qui apparaissent normales, habituelles, authentiques et sur lesquelles personne ne s'interroge alors qu'elles sont plutôt surprenantes, bizarres, paradoxales ou fausses et relèvent de l'anormalité la plus criante.

Il y a souvent — pas quelquefois, souvent — des événements qui semblent relever de l'incroyable, de l'extraordinaire, du paradoxal, qui, « normalement », ne devraient pas se produire, mais qui, en réalité, lorsqu'on les examine d'un

1. Henri Broch, « Struggle for reason », *Behavioral and Brain Sciences*, vol. 10, n° 4, 1987, p. 574.

œil un peu plus exercé, se fondent dans la normalité la plus banale.

Quelques petites incursions du côté d'Alice au Pays des Merveilles nous feront mieux comprendre.

VROUM !.... VROUM... ! BANG !

Quoi de plus normal que de vibrer à l'unisson avec les basses profondes qui emplissent la salle de cinéma lorsque, sur le grand écran, le vaisseau spatial quitte la station et fonce dans l'espace intersidéral ou se lance dans une folle attaque de l'Étoile noire où se tapit la Force Obscure ? La salle — et nous avec elle — vibre sous la poussée des moteurs crachant leurs décibels et se laisse prendre au spectacle grandiose du ciel étoilé.

Et pourtant... Dans le vide spatial, il n'y a pas d'onde sonore qui puisse se propager puisque cette dernière nécessite évidemment un milieu comme l'air par exemple. Il est donc paradoxal de ne point être choqué d'entendre le bruit des explosions. En d'autres termes, on ne devrait rien entendre mais, dans le silence le plus complet, voir le fabuleux vaisseau s'éloigner et ses tuyères briller.

CE N'EST PAS FLAGRANT

Pour rester dans l'espace, tournons nos regards vers des vidéos de reportage sur les missions lunaires. Qui n'a vu le drapeau américain, planté par les astronautes d'une mission Apollo, claquer dans le vent ? Or, sur la Lune, il n'y a pas d'atmosphère, donc pas de déplacement d'air ou de tout autre fluide gazeux, donc pas de vent et pas plus de possibilité qu'un drapeau claque dans le vent !

Inutile de se lancer dans des hypothèses délirantes comme celles qui ont cours aux États-Unis et qui affirment que les missions lunaires sont un gigantesque bluff et que tout a été tourné en studio (*The Moon hoax*). Le claquement du drapeau planté sur la Lune, que l'on a pu voir, provient du fait qu'une tige perpendiculaire à la hampe a été ajoutée pour que le drapeau tienne à plat et soit ainsi présentable, sinon, faute de vent justement, il pendrait tout le temps comme un vulgaire chiffon. Or l'astronaute a fortement secoué la hampe lorsqu'il l'a plantée dans le sol et donné une impulsion à la tige horizontale qui s'est propagée au drapeau. Et le fait qu'il n'y a pas d'atmosphère permet au drapeau de se mouvoir sans amortissement et donc de claquer quelques instants encore plus vaillamment !

Conclusion : le drapeau a claqué, mais pas sous le vent !

LEVER DE TERRE VU DEPUIS LA LUNE

La photo que nous vous avons présentée dans l'introduction générale est quelquefois accompagnée d'une légende parlant du « lever de Terre vu depuis la Lune ».

Bien que le lever de la planète bleue grouillante d'eau et de vie observé depuis son satellite naturel désertique et couvert de cratères soit particulièrement beau, exaltant et fortement émouvant... il est vraiment « paradoxal ». En effet, aucun astronaute n'a jamais observé ni n'observera jamais un tel spectacle, car il est tout simplement impossible. La Terre, vue depuis la Lune, ne se lève pas. « La Lune, vue depuis la Terre, se lève et se couche ; il est donc normal qu'il en aille de même pour la Terre vue depuis la Lune » : voilà *grosso modo* le raisonnement sous-jacent. Mais c'est un raisonnement erroné.

La Lune présente en effet toujours la même face (à peu de choses près[1]) vers la Terre, ce qui signifie nécessairement que, lorsqu'on est sur la Lune, en un point donné, la Terre occupe une position *fixe* et il n'y a évidemment ni lever ni coucher de Terre[2]. Un astre immuable en quelque sorte pour les Sélénites qui nous observent.

UN DRÔLE DE GROUPE

Il y a environ un quart de siècle s'était formé un groupe scientifique américain dénommé le STURP : « *Shroud of* TU*rin* R*esearch* P*roject* ». Ce groupe était une association pour l'étude du saint suaire de Turin comprenant quarante membres parmi lesquels trente-neuf croyants et un seul agnostique. Tout paraissait normal.

Bien que cela ne parût pas évident à l'époque, il pouvait être légitime, uniquement au vu de la composition du groupe, de se poser des questions sur sa crédibilité au sujet

1. Le « peu de choses près » recouvre le phénomène de *libration* (petites oscillations apparentes de la Lune autour de sa position moyenne observée depuis la Terre) qui permet de voir en fait, au cours du temps, près de 60 % de la surface lunaire. On peut distinguer :

— la *libration en latitude* due au fait que l'axe de rotation de la Lune n'est *pas* parallèle à celui de la Terre ; on perçoit, par exemple, sur une lunaison complète, le même pôle lunaire sous un angle un peu différent suivant le positionnement respectif des deux astres ce qui donne une oscillation nord-sud ;

— la *libration en longitude* due au fait que la Lune a une orbite légèrement elliptique et donc que sa révolution se fait à vitesse variable (alors que sa rotation est uniforme) ; en résulte une petite oscillation est-ouest ;

— la *libration diurne* due au fait que l'observateur terrestre (qui n'est pas au centre de la Terre mais à sa surface et se déplace donc, avec la rotation de sa planète, d'un côté à l'autre de l'axe Lune-Terre) voit la Lune suivant un angle différent entre son lever son coucher ; en résulte aussi une petite oscillation ouest-est.

2. Si vous désirez voir un lever et un coucher de Terre, il suffit de vous mettre en *orbite lunaire* basse dans un vaisseau spatial, par exemple un module de commande orbital comme celui d'Apollo XI.

de l'hypothétique linceul du Christ[1] dont la signification religieuse n'échappait à personne. Un simple calcul de probabilité montrait que, si l'on tirait au hasard quarante scientifiques parmi les milliers que comptent les États-Unis, on aurait sept chances sur un million de milliards (oui, un 1 suivi de 15 zéros) d'obtenir un groupe de quarante scientifiques comprenant trente-neuf croyants[2] !

À titre indicatif, nous rappellerons que la probabilité d'obtenir les six bons numéros au Loto en jouant une grille est de 7.10^{-8}, soit sept chances sur cent millions (environ une chance sur quatorze millions), c'est-à-dire qu'il y a dix millions de fois plus de chances de gagner au Loto que d'obtenir, par pur hasard, un groupe composé comme le STURP ! Le calcul de probabilités nous donnait donc, dans le cas de cette association prétendument scientifique, une indication forte qui aurait dû amener les gens à prendre certaines affirmations des dirigeants du STURP avec de grandes pincettes.

UN CHOIX PARADOXAL

Par les temps qui courent, les candidats aux élections aiment bien souvent avoir des résultats de sondages pour les conforter dans leurs comportements, leurs analyses, leurs programmes et leurs présupposés. Trois candidats sont en lice : A, B et C. Un sondage est fait auprès des électeurs afin de

1. Pour une étude détaillée du saint suaire de Turin, tant sur le plan historique que sur le plan scientifique, concluant qu'il s'agit d'un pur produit *made in France* au XIVe siècle, nous renvoyons au chapitre qui lui est consacré dans Henri Broch, *Le Paranormal*, Paris, Seuil, « Points-Sciences », 2001.

2. *Cf.* l'annexe « Composition d'un groupe et probabilités » pour le détail du calcul. Afin que tout soit clair et qu'il n'y ait pas de mauvaise interprétation, un groupe formé de trente-neuf athées militants sur quarante membres prêterait évidemment au soupçon d'un *a priori* du même type.

savoir comment ils classent les candidats par ordre de préférence décroissant.

Mille personnes sont interrogées et l'ensemble des résultats obtenus lors de ce sondage se trouve dans le tableau ci-dessous.

Nombre d'électeurs sur 1 000	**385**	**370**	**205**	**25**	**10**	**5**
Choix 1	A	B	C	A	C	B
Choix 2	B	C	A	C	B	A
Choix 3	C	A	B	B	A	C

Ainsi, dans la première colonne, nous pouvons voir que 385 personnes préfèrent A à B et B à C.

Nous avons 385 + 205 + 25 soit 615 personnes sur 1 000, soit 61,5 %, qui, d'une manière ou d'une autre, préfèrent A à B. Avec un tel résultat, aucun problème donc pour l'élection si A est confronté à B.

De la même manière, nous voyons que 385 + 370 + 5 soit 760 personnes sur 1 000, c'est-à-dire 76 % des personnes interrogées préfèrent B à C. Le plébiscite est tel que B n'a pas de souci à se faire s'il est confronté à C, il l'écrasera à plate couture.

Résumons la situation : A est préféré à B par 61,5 % des personnes (A > B), et B est préféré à C par 76 % des personnes (B > C). Il semblerait que l'on puisse logiquement en déduire que A sera préféré à C (A > C).

Regardons de plus près. A est préféré à C par 385 + 25 + 5 soit 415 personnes, alors que C est préféré à A par 370 + 205 + 10 soit 585 personnes ! Donc, contrairement à ce que l'on pensait pouvoir logiquement déduire de nos deux premiers constats, C est préféré à A par 58,5 % des personnes sondées.

Ce petit paradoxe, le paradoxe de Condorcet, qui peut apparaître dans des situations de choix sur la base de trois critères, est surprenant parce que l'on suppose qu'une relation exprimée en termes de préférence est *toujours* transitive[1], ce qui n'est pas le cas. Une relation de préférence n'est *pas* une relation d'ordre au sens mathématique.

VOUS AUSSI, VOUS ÊTES SCORPION ? C'EST EXTRAORDINAIRE !

Bien sûr, si lors d'une réunion et en discutant avec votre voisine de table vous vous rendez compte que vous partagez avec elle — quel merveilleux hasard ! — la même configuration céleste, vous pouvez vous ébahir à gorge déployée tout en remarquant dans votre for intérieur que le nombre de signes astrologiques étant limité à treize (et non à douze comme le croient certains astrologues), se trouver un signe commun ne relève en rien du miracle.

En revanche, si, dans cette même réunion et en discutant toujours de choses et d'autres avec votre charmant(e) voisin(e), vous vous découvrez un jour de naissance commun, alors il est peu probable que, tout sceptique endurci que vous soyez (ou pensiez être) sur les choses de la vie, vous ne voyiez point là un signe du destin.

La probabilité pour que, lors d'une réunion quelconque, nous ayons au moins deux personnes du groupe des « mêmes jour et mois de naissance » est assez difficile à estimer mais nous pensons *a priori* qu'elle est très faible. C'est pourquoi, lorsque cela se produit, nous ne pouvons pas nous empêcher de nous exclamer que c'est extraordinaire.

1. Transitif signifie que si x est en relation (au sens mathématique) avec y et que y est en relation avec z alors on en déduit que x est en relation avec z : $x\mathrm{R}y$ et $y\mathrm{R}z \Rightarrow x\mathrm{R}z$.

Est-ce vraiment miraculeux ? Prenons un groupe de soixante personnes. Un calcul[1] montre que la probabilité pour que, dans un tel groupe, il y ait au moins deux personnes nées le même jour est en fait *supérieure à 99 %*. Oui, vous avez bien lu, il y a plus de 99 chances sur 100 pour que cela se réalise. C'est le contraire — à savoir que, dans ce groupe, nous n'ayons *pas* deux personnes nées le même jour — qui serait donc réellement surprenant.

Soixante personnes, cela vous paraît trop grand ? Soit. Prenez alors un groupe de cinquante personnes et vous avez tout de même 97 % de chances pour que deux personnes au moins soient nées le même jour. Pour un groupe de quarante personnes, la probabilité est de 89 % et pour trente-cinq personnes réunies, nous avons 81 % de chances que cela se réalise. Pour un petit groupe de vingt-trois personnes nous sommes encore à 50 % de chances. Et si vous vous contentez d'une égalité de date de naissance à un jour près — ce qui reste bien surprenant, n'est-ce pas ? — alors la probabilité de 50 % de chances est atteinte et dépassée pour quatorze personnes seulement !

Et toutes ces probabilités s'appliquent aussi bien lorsqu'on parle de dates de décès ou de tas d'autres sujets...

ET POURQUOI PAS, CONCRÈTEMENT, SUR LE TERRAIN ?...

Afin de vous assurer que, aussi paradoxal que cela puisse paraître, les chiffres que nous venons de donner sont on ne

1. La probabilité pour que, dans un groupe de N personnes, nous en ayons au moins deux qui soient nées le même jour du même mois peut s'écrire :

$$P = 1 - [365\,!/(365 - N)\,!\,365^N].$$

peut plus sérieux, nous vous offrons ci-dessous un calendrier qui vous servira à cocher directement les jours et mois de naissance des soixante prochaines personnes que vous rencontrerez.

1 Janvier	2 Février	3 Mars	4 Avril	5 Mai	6 Juin	7 Juillet	8 Août	9 Septembre	10 Octobre	11 Novembre	12 Décembre
1	1	1	1	1	1	1	1	1	1	1	1
2	2	2	2	2	2	2	2	2	2	2	2
3	3	3	3	3	3	3	3	3	3	3	3
4	4	4	4	4	4	4	4	4	4	4	4
5	5	5	5	5	5	5	5	5	5	5	5
6	6	6	6	6	6	6	6	6	6	6	6
7	7	7	7	7	7	7	7	7	7	7	7
8	8	8	8	8	8	8	8	8	8	8	8
9	9	9	9	9	9	9	9	9	9	9	9
10	10	10	10	10	10	10	10	10	10	10	10
11	11	11	11	11	11	11	11	11	11	11	11
12	12	12	12	12	12	12	12	12	12	12	12
13	13	13	13	13	13	13	13	13	13	13	13
14	14	14	14	14	14	14	14	14	14	14	14
15	15	15	15	15	15	15	15	15	15	15	15
16	16	16	16	16	16	16	16	16	16	16	16
17	17	17	17	17	17	17	17	17	17	17	17
18	18	18	18	18	18	18	18	18	18	18	18
19	19	19	19	19	19	19	19	19	19	19	19
20	20	20	20	20	20	20	20	20	20	20	20
21	21	21	21	21	21	21	21	21	21	21	21
22	22	22	22	22	22	22	22	22	22	22	22
23	23	23	23	23	23	23	23	23	23	23	23
24	24	24	24	24	24	24	24	24	24	24	24
25	25	25	25	25	25	25	25	25	25	25	25
26	26	26	26	26	26	26	26	26	26	26	26
27	27	27	27	27	27	27	27	27	27	27	27
28	28	28	28	28	28	28	28	28	28	28	28
29	29	29	29	29	29	29	29	29	29	29	29
30		30	30	30	30	30	30	30	30	30	30
31		31		31		31	31		31		31

Faites réellement l'expérience. La surprise est au bout des dates cochées !

Séisme en astroland

Si l'on nous annonce qu'un astrologue a prédit avec succès certains jours où il y a eu des séismes, cela peut en surprendre quelques-uns et en conforter d'autres dans l'idée que cette personne a des dons manifestes de voyance. Si l'on nous dit que sur une période de trois ans — années 1994, 1995 et 1996 — elle avait prévu 169 jours sismiques et qu'il y en eut effectivement 33, alors nous commençons à être admiratif devant sa clairvoyance.

Est-ce bien raisonnable ? Est-ce surtout justifié ? Si l'on prend en considération les seuls séismes correspondant à une magnitude supérieure ou égale à 6,5, ou ayant causé des décès, blessures ou d'importants dommages matériels, nous en trouvons 196[1] à travers le monde de 1994 à 1996.

Nous avons maintenant de quoi réfléchir sur des bases un peu plus solides pour aborder le problème suivant : quelle est la probabilité que, par pur hasard, 33 des 169 jours sismiques prévus sur une période de 1 096 jours couvrant les trois années en question tombent sur des jours où des séismes se sont effectivement produits ? Nous dispenserons le lecteur des calculs : la probabilité cherchée vaut environ 7,1 %.

On pourrait trouver que cette probabilité est faible et donc accorder son crédit aux prévisions astrologiques. Mais l'astrologue en question n'avait pas annoncé à l'avance qu'il allait obtenir 33 succès. S'il avait obtenu 37 succès ou 41 ou 53 ou *n*, cela aurait toujours été compté en sa faveur, donc la question pertinente est : quelle est la probabilité d'obtenir *au moins* 33 succès ? Cette probabilité, qui est la somme de

1. Liste provenant du National Earthquake Information Service, États-Unis.

toutes les probabilités depuis celle d'obtenir 33 succès jusqu'à celle de la réussite totale avec 169 prédictions exactes, vaut 30,5 %, ce qui n'est plus du tout faible !

Un bon dessin valant parfois mieux qu'un long discours, nous vous offrons le graphique représentant la probabilité[1] pour chacun des cas possibles, depuis 0 jour prévu correctement jusqu'à 169 jours prévus correctement.

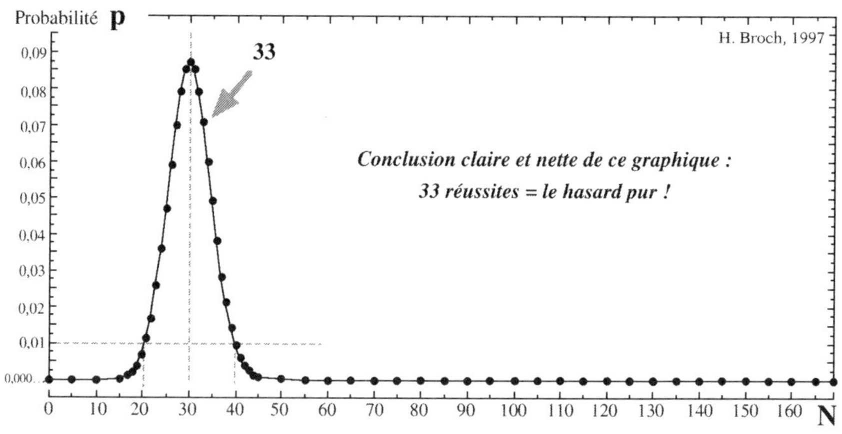

Ce qui est intéressant sur ce graphique, c'est qu'il permet d'affirmer que ce qui aurait été vraiment extraordinaire, anormal, de la part d'un astrologue, eût été de se tromper tout le temps. En effet, n'avoir aucune réussite est un résultat réellement époustouflant puisque sa probabilité d'occurrence est ridiculement faible. De même, la probabilité de n'avoir qu'un nombre de réussites très faible, moins d'une dizaine — la courbe le démontre — aurait été également hors du commun

1. Le graphique correspond à la question : « Quelle est la probabilité *p* pour que, *par pur hasard*, on obtienne *N* succès (succès = un séisme a effectivement eu lieu le jour annoncé) en annonçant 169 séismes sur une période de trois ans ? »

et aurait pu mettre en évidence un réel pouvoir, de « misprédiction » pour ainsi dire, de la part de l'astrologue en question.

Il est aussi intéressant de constater que, si l'on prend l'ensemble des événements qui ont une probabilité égale ou supérieure à 1 %, il délimite (*cf.* graphique) une zone qui va de 21 à 39 réussites et possède une probabilité totale d'un peu plus de 96 % (0,963 précisément). Autrement dit, vous pouvez vous établir gourou, voyant ou astrologue : en prédisant complètement au hasard, sans le moindre pouvoir psychique aussi petit soit-il, 169 journées de séismes sur trois ans, vous avez un peu plus de 96 chances sur 100 d'obtenir entre 21 et 39 succès ! Rien ne vous obligeant à rappeler au public vos prédictions fausses, vous avez ainsi largement de quoi vous assurer une belle réputation de médium sérieux.

Prémonitoire ?

Imaginez cette situation. Vous êtes tranquillement allongé(e) dans votre lit. Il est 6 h 04 du matin et vous somnolez encore ; vous émergez à peine et une idée lancinante imprègne votre esprit : vous pensez à votre cousin germain avec qui vous faisiez les quatre cents coups dans votre jeunesse et que vous n'avez plus vu depuis des années, depuis qu'il s'est installé à l'étranger. Vous n'aviez plus pensé à lui depuis très longtemps.

Il est maintenant 6 h 08. L'horripilante sonnerie du téléphone retentit et, tant bien que mal, vous décrochez le combiné pour apprendre une triste nouvelle : votre cousin germain est décédé. Dans un tel cas, personne ne peut s'empêcher de faire le rapprochement. Voilà bien la preuve tant attendue que les prémonitions existent ! Qui pourrait le nier ? Une telle coïncidence est impossible. Les mourants envoient peut-être des messages télépathiques à des vivants, etc.

Examinons donc ce cas d'un peu plus près. Le problème auquel nous sommes confrontés peut se formuler en ces termes : quelle est la probabilité pour que, ayant pensé à une personne, nous apprenions dans les cinq minutes qui suivent, par pur hasard, hors de toute influence paranormale, d'une manière ou d'une autre, son décès ? Pour résoudre ce problème concrètement, il nous faut connaître deux choses : le nombre de personnes dont on apprend le décès, par exemple en une année, et le nombre de fois où l'on pense à ces personnes pendant ce même laps de temps.

Prenons donc des estimations très faibles pour donner encore plus de crédit à notre résultat.

Première estimation : on connaît — « connaître » au sens large, comme un individu lambda connaît le président de la République — dix personnes dont on apprendra le décès au cours de l'année.

Deuxième estimation : on pense *une fois* seulement à chacune de ces personnes sur ce même laps de temps d'un an.

Considérons une personne précise parmi les dix à qui nous avons pensé dans l'année. Quelque part, n'importe où cette année, se situe l'instant pendant lequel nous avons pensé à elle. Sachant qu'une année représente 105 120 intervalles de cinq minutes, combien de chances avons-nous pour que la connaissance de son décès nous soit donnée dans la petite case de cinq minutes où se situe la pensée que nous avons eue ?

Si l'on jetait une boule au hasard, les yeux fermés, sur un échiquier de 105 120 cases dont une seule est rouge, combien aurait-on de chances de tomber pile sur cette case rouge ? La

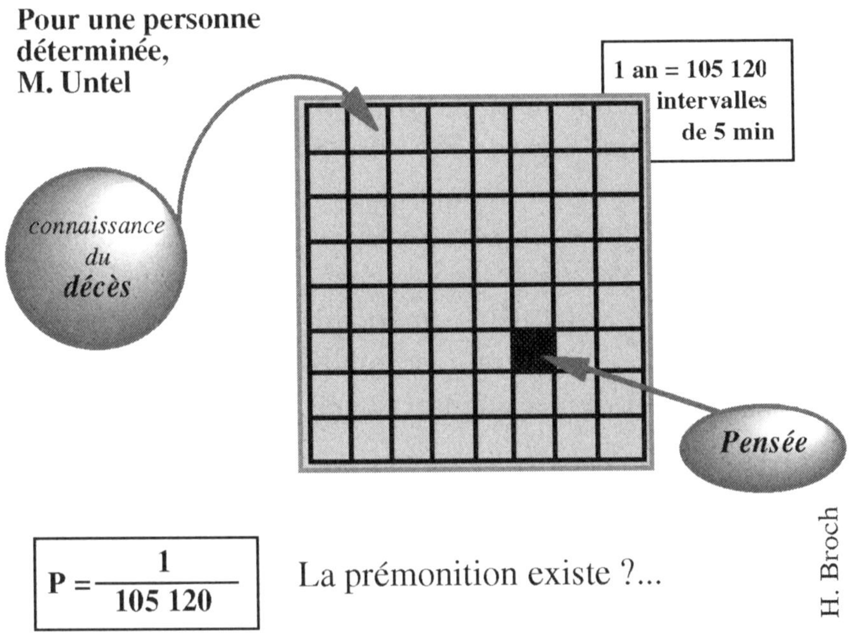

réponse est bien sûr 1 chance sur 105 120. C'est-à-dire une probabilité très faible.

La prémonition existe donc ? Ne nous précipitons pas de conclure. Tout d'abord, il faut traiter aussi le cas des neuf autres personnes qui restent et dont on apprendra également le décès dans l'année. Pour chacune de ces personnes, la probabilité de l'événement « pensée-connaissance du décès » se calcule de la même manière et la valeur obtenue est évidemment la même : 1 chance sur 105 120. Conclusion : la probabilité totale qu'un tel événement se produise — somme de l'ensemble de ces dix probabilités — est donc de 1 chance sur 10 512. Ce qui est toujours faible.

Mais il faut alors se rappeler que nous n'avons rien de vraiment exceptionnel et que nos voisins ont également un encéphale et qu'ils peuvent donc penser eux aussi. Ce qui revient à dire que, sur l'ensemble de la population française, hormis les tout petits enfants, nous aurons un nombre de personnes à qui un tel événement arrivera dans l'année qui se monte à : 1/10 512 multiplié par 55 millions, soit 5 232 personnes ! Le simple hasard offre ainsi plus de dix cas[1] de prémonition de ce type chaque jour en France ! De quoi largement alimenter la légende, surtout si l'on se souvient que nos hypothèses de départ sont vraiment basses et que la valeur réelle est donc nettement supérieure à celle trouvée. En d'autres termes, il est quasiment impossible de ne *pas* trouver parmi nos connaissances une personne à qui une telle chose est arrivée.

Ce type d'événement prémonitoire est donc très répandu et ne présente aucun élément de paranormalité. Que, par pur hasard, il ne se produise pas, c'est ça qui serait vraiment paranormal !

Halo solaire, comète... signes du ciel

Au mois de mai 1995, l'un d'entre nous aperçoit dans le ciel en sortant de chez lui un phénomène atmosphérique rare : un grand halo solaire d'environ 90° d'ouverture. Le Soleil était entouré d'un large anneau lumineux dû principalement à la réfraction de la lumière dans les petits cristaux de glace en suspension dans l'atmosphère. Après être retourné chercher son appareil photo, il prend plusieurs clichés afin de pouvoir montrer ce surprenant phénomène à ses étudiants.

1. Plus de quatorze précisément, mais ce qui nous intéresse ici c'est bien sûr uniquement l'ordre de grandeur.

Vraiment incroyable, n'est-ce pas ? Tomber sur un phénomène aussi rare en sortant tranquillement de chez soi ! Ce phénomène a une faible probabilité de se produire[1] mais l'événement vécu est-il réellement aussi extraordinaire que cela ?

Le phénomène est surprenant, certes, mais tout autre phénomène hors de l'ordinaire aurait pu mériter une photo. Et de tels autres phénomènes sont innombrables : deux halos célestes circulaires qui se coupent... un nuage en forme de Christ... des nuages en forme de vélo... de voiture... une arche nuageuse lumineuse... des nuages lenticulaires... le Soleil encadré de deux « faux Soleils[2] »... de la pluie sous un ciel sans nuage... des grêlons énormes... du givre à midi... une pluie de grenouilles... un chat et un chien côte à côte sur le toit... une famille de geckos bien alignés sur le rebord de la fenêtre... un saint suaire placardé par le vent sur le mur de la maison voisine[3]... un sanglier qui déboule sur la route goudronnée... une tornade bien visible et bien localisée... une boule de feu se déplaçant lentement à proximité du sol... et pourquoi pas, dans cette liste de petites folies, un gentil raton laveur ? Sans compter évidemment... une éclipse de Soleil. À ce propos, un autre phénomène étrange s'est d'ailleurs produit.

Il y a quelque temps, il y eut dans le Sud-Est une nuit véritablement extraordinaire, remplie de monstrueux éclairs de

1. « De se produire » ou plus exactement « d'être vu dans cette région ». Le petit halo solaire, qui possède une ouverture angulaire environ deux fois plus petite, est lui beaucoup plus fréquent que le grand halo et peut être observé plusieurs fois par an.
2. Ces faux Soleils, concentration de lumière en certains points sur le cercle parhélique (en grec : à côté du Soleil), sont également dus à la réfraction et à la réflexion de la lumière dans et sur les cristaux de glace.
3. C'est authentique ! Il y a en effet quelquefois des saints suaires qui sèchent tranquillement à la fenêtre du bureau de Henri Broch.

chaleur, tellement monstrueux qu'ils semblaient annonciateurs de fin du monde incitant de nombreuses personnes à téléphoner aux sapeurs pompiers et surtout aux divers médias régionaux. Le grand quotidien de la région ne s'est d'ailleurs pas privé de titrer largement sur ce phénomène : « Nuit électrique sur la Côte d'Azur ».

C'était la nuit du 10 au 11 août 1999. Comment, cela ne vous dit rien ? Mais, voyons, c'était la nuit précédant la célèbre éclipse de Soleil du 11 août 1999 qui a tant fait parler d'elle, tant fait couler d'encre et tant fait dire de bêtises à de grands couturiers et autres pythonisses. Par le plus grand des hasards[1], un phénomène météo très particulier avait donc eu lieu la veille de cette éclipse mémorable et les gens se sont sentis angoissés par cette curieuse proximité...

Les coïncidences extraordinaires se produisent en fait à tout bout de champ, elles sont très nombreuses dans la vie quotidienne, chacun aura certainement un exemple à donner. Pour ne pas faillir à la règle, voici ce qui est arrivé par une belle nuit, au début du mois d'avril 1997, à l'un d'entre nous.

Ce soir-là, Henri Broch avait décidé de faire quelques diapositives de la comète de Hale-Bopp. Cette comète, découverte en 1995 par Alan Hale et Thomas Bopp et visible à l'œil nu, avait atteint une luminosité maximale et était donc assez facile à photographier sans faire appel à du matériel sophistiqué. Et autant faire le cliché tout de suite car,

1. La formulation n'est pas innocente, elle est utilisée ici à dessein. Y a-t-il vraiment des « grands » et des « petits » hasards ? Le hasard, c'est le hasard et le pluriel n'est en rien nécessaire, mais ce que la formulation traduit, c'est en fait l'existence de probabilités différentes. Il y a des événements à très *faible* probabilité (un « grand » hasard) et des événements à plus *forte* probabilité (un « petit » hasard).

pour un autre passage, il faudra attendre quelque 2 700 ans. Appareil photo sur pied... comète visée vers le nord-ouest au-dessus d'un toit... déclenchement... pose longue automatique. L'appareil mesurant lui-même, en temps réel, la quantité de lumière qui atteint la pellicule photographique, plus rien ne peut être changé. Il suffit d'attendre.

Et le résultat, vous pouvez le voir sur la photographie ci-dessous.

La grande traînée lumineuse qui zèbre la photo de gauche à droite et disparaît derrière le toit n'est évidemment pas celle de la comète qui est au centre de l'image. C'est l'enregistrement de la trajectoire d'un avion (absent du cadre de visée au moment du déclenchement) qui est venu, par un hasard incroyable, « tangenter pile » la tête de la comète !

La probabilité d'un tel événement est évidemment infime, encore que, sur le nombre de personnes dans le monde qui ont photographié — et photographié de nombreuses fois — cette comète, et sur le nombre d'avions qui gravent leur sillage dans nos cieux la nuit, la probabilité d'un tel événement n'était peut-être pas si infinitésimale après tout.

Mais le point le plus important, c'est qu'il n'était pas décidé à l'avance que cet événement particulier devait être enregistré. Tout autre événement improbable aurait parfaitement fait l'affaire et nous aurait autant surpris puisque improbable : un seul petit nuage dans le ciel qui cache la comète... l'explosion de la comète enregistrée en direct... un hélicoptère équipé d'un puissant projecteur traversant la zone de ciel photographiée (il y a un camp militaire pas très loin)... un chat bousculant le pied de l'appareil photo et le développement montrera un ciel vide de comète... un chat montant sur le toit et s'immobilisant juste sous la comète... un petit tremblement de terre (il y en a dans la région) faisant vibrer le pied de l'appareil photo et le résultat sur la prise de vue est très curieux... un pétard de feu d'artifice coloré lancé par un voisin qui fête un événement quelconque (l'anniversaire de son fils ou le passage de l'astre chevelu) et la traînée lumineuse encadre la comète... ou encore l'appareil photo est en panne juste ce soir-là.

Du halo solaire à la comète tangentée en passant par la nuit électrique la veille d'une éclipse, tous ces événements improbables ont par définition, comme leur adjectif l'indique, une faible probabilité de se produire. Et c'est ce qui fait que, lorsque l'un d'entre eux arrive, on s'exclame tout aussitôt que c'est extraordinaire. Oui, mais rien n'indiquait à l'avance que c'était *cet* événement bien précis qui allait se produire. Et l'on se serait exclamé *de la même manière* pour tout autre événement improbable.

Il faut bien comprendre que, lorsque l'un ou l'autre de plusieurs événements extraordinaires indépendants peut se produire, la probabilité pour qu'un événement extraordinaire non précisé à l'avance se produise correspond en fait à la somme des probabilités de chacun de ces événements spécifiques pris séparément. Et une faible probabilité + une faible probabilité + une faible probabilité + etc., cela peut faire une probabilité non négligeable, sinon forte.

En d'autres termes, qu'un événement improbable défini arrive, c'est, comme son nom l'indique, fort peu probable. En revanche, qu'un événement improbable *quelconque* arrive, ça, c'est probable !

La gradation du risque

Il est — comme nous venons de le voir — intuitivement difficile de se rendre compte que des événements improbables, c'est-à-dire dont les chances de réalisation sont très faibles, sont en fait en nombre tel que la réalisation de l'un *quelconque* de ces événements atteint une probabilité assez forte et que, en conséquence, nous assisterons quasi nécessairement à l'un d'entre eux. De la même manière, il est très difficile d'évaluer les risques que l'on encourt quotidiennement, hebdomadairement ou sur une période quelconque, lorsqu'ils sont petits, même s'ils se cumulent dans un seul domaine.

Le mathématicien Sam Saunders (Washington State University) l'a explicité[1] de manière assez claire à l'aide

1. Rapporté par K. C. Cole dans « Calculated Risks », *Skeptical Inquirer*, septembre-octobre 1998, p. 32-36.

d'un petit batracien et de quelques cigarettes. Prenez une grenouille et placez-la dans de l'eau chaude. Elle cherchera à s'enfuir instantanément. Mais si vous la placez dans de l'eau à température ambiante, elle restera bien sagement dans ce liquide... que vous pourrez alors commencer à chauffer sans aucune réaction de la part du batracien. Petit à petit, vous pourrez ainsi augmenter fortement (mais *lentement*) la température de l'eau et la grenouille demeurera tranquille jusqu'à ce qu'elle soit cuite ! En d'autres termes, une variation brusque de température la fera réagir alors que la même augmentation par petits bonds sur un intervalle de temps plus long ne provoquera chez elle aucune réaction.

Il en va de même chez l'humain. Nous ne parlons pas de plonger vos proches et vos voisins dans une grande poêle gorgée d'eau, nous voulons simplement signifier que nous ignorons souvent l'accumulation graduelle de risques dans notre vie quotidienne.

Intéressons-nous par exemple à la consommation de cigarettes. Supposons que, contrairement à toutes les données disponibles, nous ayons des cigarettes absolument inoffensives à tout point de vue. Ces cigarettes d'un nouveau type n'ont strictement aucun effet néfaste sur la santé, à part un seul petit inconvénient, en fait très *rare* mais dont il faut tout de même parler. Il se trouve que le procédé de fabrication est tel que, tous les 20 000 paquets de cigarettes, il y en a un contenant une cigarette — *une seule* — un peu spéciale. Malheureusement spéciale. Il s'agit d'une cigarette explosive et sa puissance explosive est telle qu'elle vous arrache la tête.

Prenons les choses du bon côté. Après tout, chaque paquet contient 20 cigarettes et il n'y a qu'un seul paquet sur 20 000 qui pose problème. Le risque est vraiment faible puisque un fumeur n'a donc en fait que 1 « chance » (!) sur 400 000 de se faire exploser la tête. Le risque est vraiment faible, mais la transition de l'homme normal à l'homme décapité est — lorsqu'elle se produit — instantanée. Ce faible risque, mais à transition brusque, devrait amener beaucoup de fumeurs désirant garder leur tête sur les épaules à cesser de fumer.

En France, environ 4 millions de paquets de cigarettes sont vendus par jour. Ce qui signifie que, avec cette nouvelle technique de fabrication, nous aurions chaque jour, environ deux cents personnes qui se feraient exploser la tête. Soit un peu plus de soixante-dix mille par an. Quelle hécatombe ! direz-vous. Vous aurez raison puisque c'est beaucoup plus que le nombre de morts par accidents de la route contre lesquels de vastes campagnes de sensibilisation et de prévention sont menées. Et pourtant, ce serait nettement *moins* que le nombre de décès annuels dus à la cigarette puisque en France le tabac fait un peu plus de cent mille morts prématurées par an[1].

En d'autres termes, le risque de la cigarette explosive ne sera pas accepté alors que la perte en vies humaines est inférieure aux décès dus à la cigarette normale. Le risque non accepté est objectivement inférieur au risque accepté sans problème — de fumer normalement des cigarettes, même avec filtre ! On voit donc que, pour nager en plein irrationnel, il n'est nul besoin de plonger dans les eaux troubles du paranormal.

1. Article « Tabac » du *Quid 2000.*

La recherche du sens

Regardez l'image ci-dessous. Qu'y voyez-vous ?...

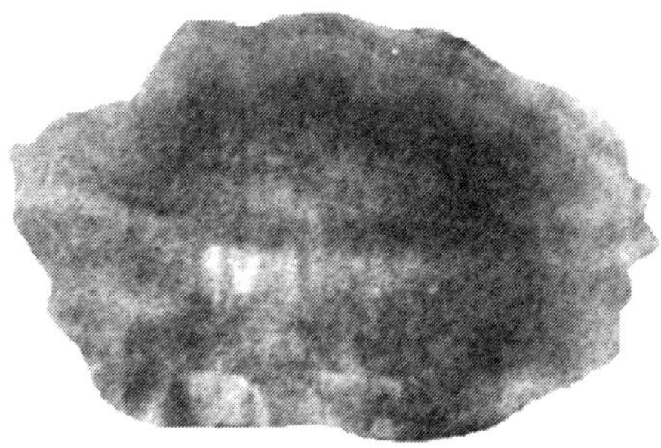

Comment ? Vous ne voyez rien ? Jetez un coup d'œil sur l'illustration qui suit[1]

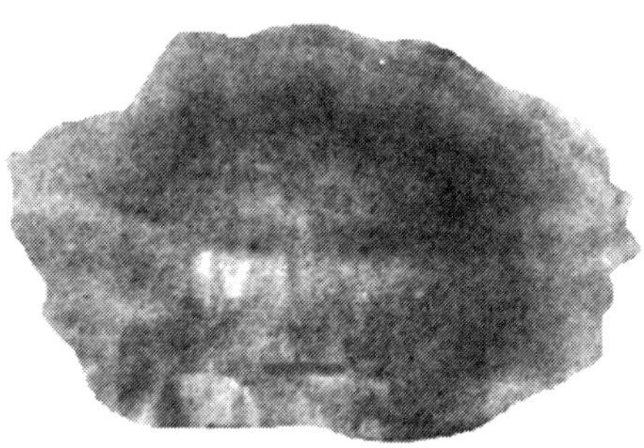

et concentrez-vous de nouveau sur la première image de manière à mieux percevoir certains contours. Voilà, c'est beaucoup mieux, n'est-ce pas ? Le visage que vous percevez est assez bien dessiné et vous pouvez peut-être hésiter entre

1. Avec un simple petit ajout au niveau des yeux et de la bouche.

Jésus, Karl Marx, un hippie chevelu des années 1960 ou votre voisin barbu... Mais les personnes qui ont vu cette « apparition » n'ont pas hésité : c'était le Christ.

Et c'est ainsi que la petite ville de Sierck-les-Bains, à côté de Thionville en Moselle, est devenue célèbre depuis qu'une simple *tache d'humidité* sur un mur d'une maison du centre-ville a attiré en septembre 1985 l'attention de milliers de personnes qui y voyaient l'apparition du Sauveur chrétien, des cars d'excursion faisant même exprès le détour.

Nous avons le grand plaisir de vous faire découvrir, sur la photographie ci-dessous, le Christ de Sierck-les-Bains tel qu'il était *in situ*, à l'époque de sa splendeur.

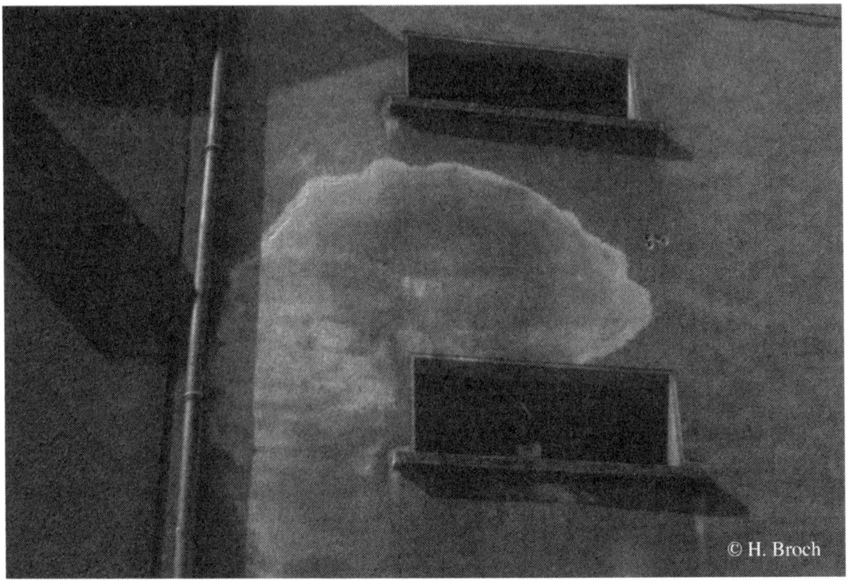

Nous retrouvons ce que nous avons dit concernant les phénomènes improbables. Combien de taches, d'humidité ou de toute autre origine, y a-t-il sur les murs d'une ville ? Sur les murs de toutes les villes de France et de Navarre ?

Et pourquoi considérer uniquement les murs ? Si, par exemple, la tache avait été observée, bien que cela soit plus difficile, au sol, la réaction eût été certainement la même.

Parmi des milliers, des centaines de milliers de taches, on ne retient évidemment que celles qui ont du sens pour nous, celles qui évoquent quelque chose. Il s'agit donc finalement de l'équivalent d'un test de Rorschach. De la feuille de papier au mur, il n'y a qu'un changement de taille, le processus mental demeure le même.

Les tours du World Trade Center, cibles de l'attentat terroriste dont l'onde de choc fait encore le tour de la planète, ont été filmées en continu pendant plusieurs heures par de nombreuses caméras. Cela représente des millions d'images. Et, parmi ces images, les médias n'ont bien sûr pas manqué de trouver quelque chose. Après le Christ, voici le diable.

Photo extraite du site Internet www.cnn.com (DR)

Photo extraite du site Internet www.ap.org (AP, Sipa Press)

Comme le disait, il y a quelques années, le rédacteur en chef d'une revue américaine consacrée à l'investigation scientifique des allégations paranormales[1], l'un des plus beaux attributs du cerveau humain est une capacité hautement développée de reconnaître dans ce qui nous entoure une trame et d'y chercher ensuite une signification. Cette habileté « merveilleuse » est utile et féconde, la plupart du temps. L'être humain cherche à comprendre son environnement, éventuellement à s'y adapter, et, à cet effet, cette habileté à détecter

1. Kendrick Frazier dans le *Skeptical Inquirer*, vol. 22, n° 5, septembre-octobre, 1998, p. 4.

les trames est *essentielle*. Cela témoigne incontestablement de notre grande agilité intellectuelle. Le problème est que nous ne savons pas inhiber cette faculté. Notre cerveau persiste souvent à rechercher une trame, une signification, un sens, même quand il n'y en a aucun, et c'est alors que nous commettons des erreurs.

Externe et/ou interne ?

Finalement, si nous voulions faire une synthèse, nous pourrions dire qu'il y a tout simplement deux origines possibles des coïncidences extraordinaires.

La première est *externe*. C'est une cause cachée, à savoir tout simplement un équipement défaillant[1] qui donnera des mesures ou des résultats « hors normes » ou encore un canular, une tricherie, une fraude. C'est une cause cachée, mais tout de même assez souvent repérable et donc réparable ; même si cela peut demander des enquêtes longues et coûteuses ou la mise à l'écart de certains « chercheurs » parapsyphiles.

La seconde est *interne*. C'est une cause qui paraît *a priori* plus facile à contrôler par le fait même qu'elle est interne, mais qui est en réalité difficile à détecter, car elle nécessite un retour sur soi qui est rien moins qu'aisé. Cette cause, c'est notre inaptitude profonde à comprendre que des événements inhabituels sont probables sur un grand nombre d'individus, de cas, ou sur un laps de temps très long.

1. *Cf.* par exemple les « résultats réputés scientifiquement impossibles » (selon les médias qui rapportaient l'affaire) obtenus par une équipe de physiciens américains qui avaient mesuré le rayonnement cosmique traversant la pyramide de Chéphren afin de déterminer si des chambres cachées existaient ou non.

Rappelons la constatation que nous avons faite dans les pages précédentes. Qu'un événement improbable *spécifié*, c'est-à-dire clairement défini à l'avance, se produise, c'est vraiment improbable. En revanche, qu'un événement improbable *quelconque* — c'est-à-dire n'importe lequel parmi les multiples possibles, limités par la seule imagination des hommes — se produise, c'est fortement probable pour ne pas dire certain. Encore une fois, il nous faut insister : c'est le contraire qui serait anormal.

Des exclamations comme « Que le monde est petit ! » ou bien « C'est extraordinaire ce qui nous arrive, n'est-ce pas ? », « Quelle coïncidence ! », etc. sont finalement des exclamations on ne peut plus normales[1] et qui traduisent la plupart du temps notre méconnaissance des probabilités des événements de la vie courante. Cette méconnaissance, ou ce qui serait plus précis cette mésestimation, est un des supports profonds de la croyance au paranormal.

Ce qui se dégage, à notre sens, très clairement de l'ensemble des observations que l'on peut faire sur notre environnement et des lois du hasard, c'est que l'extra-ordinaire, en deux mots, au sens de « hors de l'ordinaire », peut donc être vrai, a même quelquefois de fortes chances d'être vrai. Mais Dame Nature suffit largement pour en rendre compte. Supernature n'est pas encore nécessaire.

---

1. Ce qui ne signifie pas nécessairement, comme nous l'avons vu à maintes reprises, qu'elles soient justes ou justifiées.

Chapitre 4

ENQUÊTES À LA SHERLOCK HOLMES...

Décidément mon cher Watson, vous êtes vraiment...

Nous voudrions, dans ce chapitre, vous livrer quelques exemples d'enquêtes que l'on peut mener dans le domaine étrange du paranormal, du surnaturel, du comportement irrationnel ou de la dérive universitaire.

Quatre petites enquêtes à la Sherlock Holmes[1].

1. Signalons que le choix de ce célèbre détective comme symbole d'enquêteur n'implique en rien que nous adhérions aux croyances du créateur de ce personnage de roman. Conan Doyle était en effet un fervent adepte du paranormal et un parapsychologue assez crédule qui poussa même le ridicule jusqu'à écrire un livre entier sur *L'Arrivée des fées* dans lequel il garantissait l'authenticité de photos de charmantes fées ailées voletant dans l'air que deux petites filles avaient prises dans une prairie. Sir Arthur Conan Doyle était, dans la réalité, nettement moins perspicace que le héros de ses romans.

Tout d'abord une enquête sur le pendule explorateur, la baguette, la radiesthésie, où entre en scène le chimiste Chevreul dont les expériences furent un modèle de simplicité et de rigueur et dans laquelle nous sommes heureux de vous présenter un petit guide à l'usage de tout bon radiesthésiste qui se respecte...

Si avec le pendule ou la baguette vous ne trouvez pas l'eau, ne vous inquiétez pas, cela n'a pas d'importance puisqu'un saint sarcophage, sur lequel flotte depuis des siècles une titillante odeur de mystère, nous offre une eau d'origine céleste incontestable.

Vous craignez la radioactivité comme la peste ? Vous avez peur de trouver un diable dans le bénitier ? Soit, mais trouvez-vous normal que des décisions dont l'avenir de l'humanité entière dépend sont assujetties aux cris d'orfraie poussés par des idéologues sectaires ?

Peut-on trouver normal que des collègues universitaires[1] — par manque de travail, par manque de rigueur, par incompétence ou par avidité de gloire médiatique — acceptent de cautionner un ramassis d'erreurs, de contre-vérités, d'absurdités ou de mensonges, et présentent ainsi un courrier du cœur comme une thèse « très honorable » ?

Mais commençons par une histoire[2] qui devrait nous faire réfléchir.

Sherlock Holmes et le Dr. Watson font du camping. Après un solide repas arrosé de quelques bières tièdes et d'une demi-bouteille d'excellent bourbon, ils gagnent leurs sacs de couchage et s'endorment lourdement. Quelques heures plus tard, Holmes se réveille et sans plus attendre secoue son fidèle compagnon :

---

1. Et une université en tant que telle !
2. Rapportée par Jacques Poustis dans ses toujours savoureuses « Mémoires d'outremer », *Science et pseudo-sciences*, n° 243, août 2000, p. 38.

— Watson, regardez le ciel et dites-moi ce que vous en pensez !

— Je... Je vois des millions et des millions d'étoiles[1].

— Parfait ! et qu'en déduisez-vous ?

— Astronomiquement, répond Watson, sachant qu'il y a des millions de galaxies, je me dis qu'il doit y avoir des milliards de planètes. Astrologiquement, j'observe que Saturne est pile dans le Lion, d'où j'en déduis... attendez ! laissez-moi deux secondes !.... j'en déduis qu'il est environ 3 h 15 du matin. Philosophiquement, j'en conclus que l'infini est immense et que nous sommes bien peu de chose. Météorologiquement, je pense que nous aurons demain une journée magnifique... Ne me dites pas, Holmes, que vous en tirez d'autres informations !

Sherlock Holmes, silencieux, allume une pipe, en tire une longue bouffée et, devant la tête réjouie de Watson, dit d'une voix sinistre :

— Décidément, mon cher Watson, vous êtes vraiment indécrottable, car à la vue de ce ciel au-dessus de nos têtes, la déduction primordiale à faire est que des voyous nous ont fauché la tente...

Pendule explorateur et baguette divinatoire : nihil novi sub sole ?

Il peut être épuisant et quelquefois démoralisant de remettre sur le métier cent fois l'ouvrage. Et de constater que

1. Relevons ici que Watson a vraiment une vue *exceptionnelle*. Le nombre d'étoiles visibles à l'œil nu est en fait simplement de l'ordre de quelques *milliers*.

des phénomènes, déjà démystifiés depuis longtemps et pour lesquels une explication tout ce qu'il y a de plus naturelle avait été trouvée, sont en fait toujours présentés comme extraordinaires.

Il en est ainsi du pendule et de la baguette dont on nous vante toujours les inépuisables mérites. La vérité nous oblige à dire que l'on ne voit pas beaucoup de radiesthésistes faire la preuve de l'efficacité de la détection au moyen du pendule en la mettant au service d'une bonne cause comme l'élimination des mines antipersonnelles qui causent tant d'horribles mutilations chez des adultes et surtout des enfants dans des pays déjà durement touchés par de longues guerres.

LE PENDULE TOURNE

Lorsqu'un radiesthésiste vous dit que son pendule a fait 12 tours, que l'eau qu'il a détectée se trouve donc à 12 mètres de profondeur et que sa manière de procéder est imparable puisqu'il n'a jamais été pris en défaut, il est peut-être moins urgent de se lancer dans un coûteux forage que de lui faire deux remarques simples.

Si, au lieu d'être français, ce brave radiesthésiste était anglais, l'eau se trouverait-elle alors à 12 *pieds* de profondeur ? Ou le pendule, par un miracle encore plus fabuleux que son simple mouvement, aurait-il alors, pour s'adapter aux unités anglo-saxonnes, fait la conversion et — sous l'effet de la *même* quantité de fluide radiesthésique, puisque la source souterraine n'a évidemment pas changé — effectué non plus 12 tours mais 39,37 tours ? Sans parler, bien sûr, d'un radiesthésiste chinois qui, au strictement même point et toujours sous l'action du même hypothétique fluide radiesthésique, verrait donc son pendule faire un nombre de girations bien différent encore ou, si le nombre de tours demeurait égal à 12, annoncerait par exemple que l'eau se trouve à 12 *li* de profondeur, soit près de 7 000 mètres !

Curieuse égalité en fait que le radiesthésiste cherche à créer entre un nombre de tours, c'est-à-dire une grandeur *sans* dimension[1], et une grandeur — la profondeur — possédant une dimension (longueur) et s'exprimant donc dans une unité, quel qu'en soit le choix.

Trois tours, l'eau est à 3 mètres de profondeur, 12 tours, l'eau est à 12 mètres, 30 tours, l'eau est à 30 mètres... Indépendamment même du problème de l'unité, il nous semble que le radiesthésiste se revendique d'un phénomène encore plus curieux : plus l'eau est profonde, donc plus *loin* du pendule, plus le pendule fait de tours ! Fabuleux, n'est-ce pas ? L'intensité de l'action *augmente* avec la distance. Si l'eau est aux confins de l'univers alors certainement le pendule fait un nombre infini de tours.

Ces contradictions internes ou ces non-sens ne les gênant nullement, les tenants du pendule ont, pour leur objet favori, des revendications très larges. Cela va de la détection de métaux au diagnostic en médecine en passant par la localisation des nappes pétrolifères, la localisation sur

---

1. La *dimension* désigne la relation entre une grandeur donnée et les grandeurs fondamentales à partir desquelles celle-ci peut s'exprimer, à partir desquelles on peut la dériver. Les grandeurs fondamentales sont : longueur, masse, temps, intensité de courant électrique, température thermodynamique, quantité de matière et intensité lumineuse. Dans notre système international de mesures, les unités de base sont : mètre, kilogramme, seconde, ampère, kelvin, mole et candela. Une grandeur sans dimension est tout simplement l'équivalent d'un *scalaire*, d'un nombre. Un angle peut s'exprimer (ici en tours) en *radians*, unité dite « supplémentaire » et *sans* dimension.

un plan de personnes disparues, la détection de l'eau, celle des variations de champ magnétique et tant d'autres merveilles. En réalité, la radiesthésie n'est pas une science ; c'est LA science. Il suffit en effet de poser une question simple, dichotomique, et le pendule est capable de dire par ses oscillations si la réponse est « oui » ou « non » ; dans ces conditions, on peut obtenir une réponse à *toutes* les questions que les scientifiques se posent sur le monde qui nous entoure, sur l'univers tout entier.

Scientifiques du monde entier, arrêtez de chercher, de cogiter, d'expérimenter, de vous tracasser ! Faites tout simplement de la radiesthésie, posez vos questions au pendule, il sait tout, il est omniscient.

Et, pourtant, toutes les prétentions des radiesthésistes, y compris la détection de l'eau dont nous venons de parler brièvement, ont été depuis longtemps démystifiées.

ET, POURTANT, LE PENDULE TOURNE

Nous ne pouvons que donner la parole, par-delà les décennies, à l'un de nos collègues dont l'apport en ce domaine au début du XIXe siècle a été décisif : Michel Eugène Chevreul. Né à Angers en 1786, ce chimiste a connu une très longue carrière scientifique puisqu'il est mort en 1889 dans sa cent troisième année.

En 1812, Chevreul s'entretient avec un magnétiseur réputé qui utilise le pendule comme moyen d'exploration, ce qui le pousse à s'intéresser de plus près à ce phénomène. Il désire reproduire les expériences tant vantées et se lance donc à son tour dans quelques expérimentations avec le pendule. Ce n'est qu'en 1833 que le résultat de ses investigations sera publié.

Eugène Chevreul (gravure de Ch. Kreutzberger, in L. Figuier vers 1887, cf. réf. 1)

Voici un long extrait de sa « Lettre à M. Ampère sur une classe particulière de mouvements musculaires[1] ».

Mon Cher Ami,

Vous me demandez une description des expériences que je fis, en 1812, pour savoir s'il est vrai, comme plusieurs personnes me l'avaient assuré, qu'un pendule formé d'un corps lourd et d'un fil flexible oscille lorsqu'on le tient à la main au-dessus

1. Eugène Chevreul, « Lettre à M. Ampère sur une classe particulière de mouvements musculaires », *Revue des Deux Mondes*, 2e série, 1833, p. 258-266. Ce texte est reproduit partiellement dans Louis Figuier, *Les Mystères de la Science. Autrefois*, Paris, La Librairie illustrée, vers 1887.

de certains corps, quoique le bras fût immobile. Vous pensez que ces expériences ont quelque importance ; en me rendant aux raisons que vous m'avez données de les publier, qu'il me soit permis de dire qu'il a fallu toute la foi que j'ai en vos lumières pour me déterminer à mettre sous les yeux du public des faits d'un genre si différent de ceux dont je l'ai entretenu jusqu'ici. Quoi qu'il en soit, je vais suivant votre désir exposer mes observations ; je les présenterai dans l'ordre où je les ai faites.

Le pendule dont je me servis était un anneau de fer suspendu à un fil de chanvre ; il avait été disposé par une personne qui désirait vivement que je vérifiasse moi-même le phénomène qui se manifestait lorsqu'elle le mettait au-dessus de l'eau, d'un bloc de métal ou d'un être vivant, phénomène dont elle me rendit témoin. Ce ne fut pas, je l'avoue, sans surprise que je le vis se reproduire, lorsque, ayant saisi de la main droite le fil du pendule, j'eus placé ce dernier au-dessus du mercure de ma cuve pneumato-chimique, d'une enclume, de plusieurs animaux, etc. Je conclus de mes expériences que, s'il n'y avait, comme on me l'assurait, qu'un certain nombre de corps aptes à déterminer les oscillations du pendule, il pourrait arriver qu'en interposant d'autres corps entre les premiers et le pendule en mouvement, celui-ci s'arrêterait. Malgré ma présomption, mon étonnement fut grand lorsque, après avoir pris de la main gauche une plaque de verre, un gâteau de résine, etc., et avoir placé un de ces corps entre le mercure et le pendule qui oscillait au-dessus, je vis les oscillations diminuer d'amplitude et s'anéantir entièrement. Elles recommencèrent lorsque le corps intermédiaire eut été retiré, et s'anéantirent de nouveau par l'interposition du même corps. Cette succession de phénomènes se répéta un grand nombre de fois, avec une constance vraiment remarquable, soit que le corps intermédiaire fût tenu par moi, soit qu'il le fût par une autre personne.

Plus ces effets me paraissaient extraordinaires, et plus je sentais le besoin de vérifier s'ils étaient réellement étrangers à tout mouvement musculaire du bras, ainsi qu'on me l'avait affirmé de la manière la plus positive. Cela me conduisit à appuyer le bras droit, qui tenait le pendule, sur un support de bois que je faisais avancer à volonté de l'épaule à la main et revenir de la main vers l'épaule. Je remarquai bientôt que, dans la première circonstance, le mouvement du pendule décroissait d'autant plus que l'appui s'approchait davantage de la main, et qu'il cessait lorsque les doigts qui tenaient le fil étaient eux-mêmes appuyés, tandis que, dans la seconde circonstance, l'effet contraire avait lieu ; cependant, pour des distances égales du support du fil, le mouvement était plus lent qu'auparavant. Je pensai, d'après cela, qu'il était très probable qu'un mouvement musculaire, qui avait eu lieu à mon insu, déterminait le phénomène, et je devais d'autant plus prendre cette opinion en considération, que j'avais un souvenir, vague à la vérité, d'avoir été dans un état tout particulier, lorsque mes yeux suivaient les oscillations que décrivait le pendule que je tenais à la main.

Je refis mes expériences, les bras parfaitement libres, et je me convainquis que le souvenir dont je viens de parler n'était pas une illusion de mon esprit, car je sentis très bien qu'en même temps que mes yeux suivaient le pendule qui oscillait, il y avait en moi une disposition ou tendance au mouvement qui, tout involontaire qu'elle me semblait, était d'autant plus satisfaite, que le pendule décrivait de plus grands arcs ; dès lors je pensai que si je répétais les expériences les yeux bandés, les résultats pourraient être tout différents de ceux que j'observais ; c'est précisément ce qui arriva. Pendant que le pendule oscillait au-dessus du mercure, on m'appliqua un bandeau sur les yeux ; le mouvement diminua bientôt ; mais, quoique les oscillations fussent faibles, elles ne diminuaient pas sensiblement par la présence des corps qui avaient paru les arrêter dans mes premières expériences. Enfin, à partir du moment où le pendule fut en repos, je le tins encore pendant un quart d'heure au-dessus du mercure sans qu'il se remît en mouvement, et dans ce temps-là et toujours à mon insu, on avait interposé et retiré plusieurs fois soit le plateau de verre, soit le gâteau de résine. Voici comment j'interprétai ces phénomènes :

Lorsque je tenais le pendule à la main, un mouvement musculaire de mon bras, quoiqu'insensible pour moi, fit sortir le pendule de l'état de repos, et les oscillations, une fois commencées, furent bientôt augmentées par l'influence que la vue exerça pour me mettre dans cet état particulier de disposition ou tendance au mouvement. Maintenant il faut bien reconnaître que le mouvement musculaire, lors même qu'il est accru par cette même disposition, est cependant assez faible pour s'arrêter, je ne dis pas sous l'emprise de la volonté, mais lorsqu'on a simplement la pensée d'essayer si telle chose l'arrêtera. Il y a donc une liaison intime établie entre l'exécution de certains mouvements et l'acte de la pensée qui y est relative, quoique cette pensée ne soit point encore la volonté qui commande aux organes musculaires. C'est en cela que les phénomènes que j'ai décrits me semblent de quelque intérêt pour la psychologie, et même pour l'histoire des sciences ; ils prouvent combien il est facile de prendre des illusions pour des réalités, toutes les fois que nous nous occupons d'un phénomène où nos organes ont quelque part, et cela dans des circonstances qui n'ont pas été analysées suffisamment.

En effet, que je me fusse borné à faire osciller le pendule au-dessus de certains corps, et aux expériences où ses oscillations furent arrêtées, quand on interposa du verre, de la résine, etc., entre le pendule et les corps qui semblaient en déterminer le mouvement, et certainement je n'aurais point eu de raison pour ne pas croire à la baguette divinatoire et à autre chose du même genre. Maintenant on concevra sans peine comment des hommes de très bonne foi, et éclairés d'ailleurs, sont quelquefois portés à recourir à des idées chimériques pour expliquer des phénomènes qui ne sortent pas réellement du monde physique que nous connaissons[1].

Une fois convaincu que rien d'extraordinaire n'existait dans les effets qui m'avaient causé tant de surprise, je me suis trouvé dans une disposition si différente de celle où j'étais la première fois que je les observai, que longtemps après, et à diverses époques, j'ai essayé, mais toujours en vain, de les reproduire. En invoquant votre témoignage sur un fait qui s'est passé sous mes yeux, il y a plus de douze ans, je prouverai à nos lecteurs que je ne suis pas la seule personne sur qui la vue ait eu de l'influence pour déterminer les oscillations d'un pendule tenu à la main. Un jour que j'étais chez vous avec le général P... et plusieurs autres personnes, vous vous rappelez sans doute que mes expériences devinrent un des sujets de la conversation ; que le général manifesta le désir d'en connaître les détails, et qu'après les lui avoir exposés, il ne dissimula pas combien l'influence de la vue sur le mouvement du pendule était contraire à toutes ses idées. Vous vous rappelez que, sur ma proposition d'en faire lui-même l'expérience, il fut frappé d'étonnement lorsque, après avoir mis la main gauche sur ses yeux pendant quelques minutes et l'en avoir retirée ensuite, il vit le pendule, qu'il tenait de la main droite, absolument immobile, quoiqu'il oscillât avec rapidité au moment où ses yeux avaient cessé de le voir.

Les faits précédents et l'interprétation que j'en avais donnée m'ont conduit à les enchaîner à d'autres que nous pouvons

1. Chevreul introduit ici une note dont nous parlerons après la fin de cet extrait de sa lettre à M. Ampère.

observer tous les jours ; par cet enchaînement, l'analyse de ceux-ci devient à la fois et plus simple et plus précise qu'elle ne l'a été, en même temps que l'on forme un ensemble de faits dont l'interprétation générale est susceptible d'une grande extension.

ET LA BAGUETTE ?

Chevreul introduit une note dans sa lettre où il fait le lien entre pendule explorateur et baguette divinatoire :

> *Je conçois très bien qu'un homme de bonne foi, dont l'attention tout entière est fixée sur le mouvement qu'une baguette, qu'il tient entre ses mains, peut prendre par une cause qui lui est inconnue, pourra recevoir, de la moindre circonstance, la tendance au mouvement nécessaire pour amener la manifestation du phénomène qui l'occupe. Par exemple, si cet homme cherche une source, s'il n'a pas les yeux bandés, la vue d'un gazon vert, abondant, sur lequel il marche, pourra déterminer en lui, à son insu, le mouvement musculaire capable de déranger la baguette, par la liaison établie entre l'idée de la végétation active et celle de l'eau.*

Pour Chevreul, l'analogie entre les deux faits est évidente et la mise en relief de l'impact involontaire de la pensée sur le mouvement, qui a été faite pour le pendule, vaut pour la baguette. La démonstration de cet impact de la pensée et de la nécessité de la vision pour la manifestation du phénomène a été faite de très nombreuses fois depuis l'époque de Chevreul mais les prétentions des radiesthésistes n'en ont pas été rabattues pour autant.

Dans le cadre du « Prix-Défi international de 200 000 euros » offert à toute personne pouvant faire la preuve d'un phénomène paranormal quel qu'il soit[1], les revendications ont été fréquentes mais peu de sourciers ont voulu faire la simple démonstration de ce qu'ils affirmaient pourtant péremptoirement, c'est-à-dire leur capacité à détecter l'eau, préférant se rabattre sur d'autres types d'expériences. L'un d'entre eux a néanmoins décidé de faire cette démonstration.

Ce candidat au Prix-Défi déclarait qu'il détectait l'eau aisément avec sa baguette de sourcier, qu'il pratiquait cela depuis de nombreuses années à la grande satisfaction des personnes pour qui il officiait et que, d'ailleurs, sur 100 puits creusés sur ses indications, 98 avaient donné de l'eau. Quant aux 2 autres, il semblerait que la société de forage n'ait pas fait le travail correctement : « forage de biais » dans un cas et « forage trop profond et perçant une cavité souterraine dans laquelle l'eau s'est perdue » dans l'autre.

Le test s'est déroulé sur la pelouse du campus de la faculté des sciences de Nice, le 12 juillet 2001. Le sourcier a d'abord défini à l'aide de sa baguette une large surface dans laquelle il n'y avait selon lui aucune source parasite souterraine qui pourrait le gêner en interférant avec ses détections et l'expérience a pu alors commencer. Une prise d'eau éloignée (toujours afin qu'il n'y ait aucun problème) alimentait un long tuyau qui, arrivé à la zone propre d'expérience, était branché sur une nourrice possédant dix sorties, chacune étant munie d'une vanne. Dix tuyaux

1. *Cf.* l'espace spécifique sur le site web du laboratoire de zététique de l'université de Nice-Sophia Antipolis qui lançait ce défi : www.unice.fr/zetetique. Le Prix-Défi a pris fin en février 2002, date anniversaire de quinze années d'expérimentation.

de faible longueur étaient branchés sur ces vannes et rejoignaient ensuite une autre nourrice pour donner une seule sortie (*cf.* plan schématique).

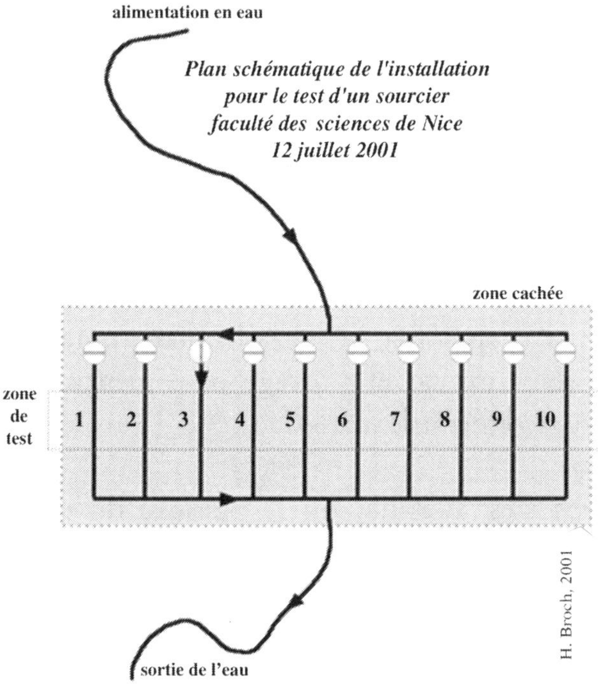

Les dix tuyaux étaient cachés par une simple toile qui portait l'indication numérotée et la trace de l'emplacement précis de chacun des trajets de ces tuyaux. Une seule des vannes — tirée au hasard — était placée en position ouverte et le dispositif était filmé au camescope afin que, dans une phase ultérieure, le médium puisse contrôler que l'eau circulait bien dans un seul des dix tuyaux et qu'il puisse en connaître le numéro.

Le sourcier n'avait donc qu'à indiquer, à sa convenance, grâce à sa baguette, le numéro du tuyau[1] dans lequel l'eau était en train de circuler. Il pouvait lui-même également s'assurer que l'eau était bien en train de circuler à l'intérieur de l'installation (et avec le débit qu'il souhaitait) puisque le tuyau unique de sortie débitait directement son eau à la vue et sous le contrôle de tous. Il avait une chance sur dix de tomber juste par hasard. Le sourcier était sûr de son fait et annonçait que dans les conditions d'expérience qui lui étaient ainsi faites il aurait sans difficulté un taux de réussite voisin de 100 %.

Vingt fois l'expérience fut tentée, avec toutes les pauses utiles ; vingt fois la baguette piqua clairement et nettement, après plusieurs essais si nécessaire pour que le sourcier s'assure de la netteté et de la fiabilité de la réaction de sa baguette, vers un emplacement de tuyau. L'expérience était filmée et toutes les annonces étaient ainsi enregistrées et notées. Quels en furent les résultats ?

Deux numéros justes sur vingt essais. Le hasard complet et l'échec plus que total de la prétendue détection d'eau par la baguette. La déception du sourcier, très chaleureux au demeurant, très sympathique et dont la bonne foi ne saurait être mise en doute, était évidente. L'incompréhension de ses contre-performances était totale.

— Et pourtant, je vous l'assure, cela fonctionne, nous dit-il, je détecte l'eau. Tenez ! regardez le tuyau d'arrivée dans lequel l'eau circule ! Je ferme les yeux, je ferme réellement les yeux...

1. La baguette pouvant arriver quasiment au contact des tuyaux, ces derniers étaient tous espacés les uns des autres d'une douzaine de centimètres, c'est-à-dire beaucoup plus que le minimum de détection — un centimètre — que le sourcier nous avait assuré nécessaire dans cette configuration d'expérience.

Il ferme les yeux, s'avance et la baguette, dans un mouvement brusque, pivote entre ses mains et pointe effectivement à l'endroit précis où se trouve le tuyau d'arrivée d'eau posé au sol.

— Bien ! Pouvez-vous recommencer ? lui demande-t-on.

Il ferme les yeux, s'avance et la baguette, dans un mouvement brusque, pivote encore une fois entre ses mains et pointe à l'endroit précis où se *trouvait* le tuyau qui a été déplacé à son insu tandis qu'il marchait. Et aucun « effet de rémanence » n'est invoqué pour expliquer cette grossière erreur. La vision première de la position du tuyau mémorisée était clairement le facteur déclenchant.

Quelque temps plus tard, sur le conseil des expérimentateurs, le sourcier sera d'ailleurs testé par un membre de sa famille sur une expérience extrêmement simple : un seul tuyau dans lequel il devra simplement détecter avec sa baguette si de l'eau est en train de circuler ou non. Il aura donc une chance sur deux, en supposant évidemment que l'on ne voie pas les vibrations du tuyau lorsque l'eau s'écoule, que l'on n'entende pas l'eau sortir à l'extrémité du tuyau, etc. Un test extrêmement simple et sans interférence de scientifiques sceptiques risquant d'émettre des ondes négatives. Un parent ouvre ou ferme un robinet éloigné afin que le sourcier ne voie pas le geste. Cent tentatives auront lieu : elles n'auront manifesté aucune aptitude à détecter de l'eau par l'usage de la baguette.

Voilà un exemple d'une personne qui, *en toute bonne foi*, s'était persuadée — et avait persuadé les autres — au fil des ans de l'effectivité de son pouvoir, lequel n'avait en fait jamais été attesté sinon conformément aux lois du hasard.

Faut-il le rappeler une fois de plus ? Le pendule, la baguette et tous les autres ustensiles de radiesthésie ont donné lieu à diverses tentatives d'explication sans même que soit d'abord prouvée la réalité du phénomène. Ne mettons pas la charrue avant les bœufs ! Tous les travaux effectués jusqu'à présent et toutes les expériences radiesthésiques contrôlées scientifiquement ont montré que le seul fait de modifier la *connaissance* qu'a l'opérateur de ce qu'il doit annoncer suffit pour que le résultat d'une expérience passe du succès complet à l'échec le plus total, c'est-à-dire à un résultat conforme aux lois du hasard.

Si, n'étant pas déjà radiesthésiste et malgré le contenu des pages qui précèdent, vous décidiez de changer de métier et de vous lancer dans celui-là, qui peut quelquefois, nous le reconnaissons volontiers, nourrir mieux son homme que la recherche scientifique, nous vous recommanderions de bien connaître ce que l'on nomme les « positions de repli » communes à tout bon médium, pendulisant, radiesthésiste ou parapsychologue qui se respecte. Vous les pratiqueriez sous forme d'« effet bi-standard ». Cet effet consiste simplement à modifier les règles du jeu en fonction des réponses ou en fonction des joueurs. Bien qu'il paraisse assez surprenant que certaines personnes puissent agir ainsi et tout autant que d'autres acceptent ou ne détectent pas de tels agissements, la chose est fréquente.

Un exemple ? Le voici. Faites un rapide sondage des réponses à la question suivante : « La caution de la science en faveur du paranormal constituerait-elle un argument de poids en faveur de celui-ci ? » Vous obtiendrez, à n'en pas douter, un « oui » quasi unanime. Posez une seconde question à ces mêmes personnes que vous venez d'interroger il y a seulement quelques instants : « Si la science rejetait le paranormal, cela entamerait-il votre adhésion à celui-ci ? » Et vous obtiendrez un « non » également quasi unanime. En d'autres termes, vous présentez votre demande d'adhésion à un club : s'il vous accepte, c'est un bon club ; s'il vous refuse, c'est un mauvais club !

Cette ambiguïté du *double standard* est souvent présente chez les tenants des pseudo-sciences et plus encore chez ceux — l'intersection des deux groupes n'est pas vide — des médecines dites « parallèles ». Pour vous aider à pratiquer ce langage spécifique aux pseudo-sciences, nous terminerons notre voyage au pays du pendule et de la baguette par un petit guide[1] des positions de repli pour tout bon radiesthésiste.

Petit guide pour radiesthésiste

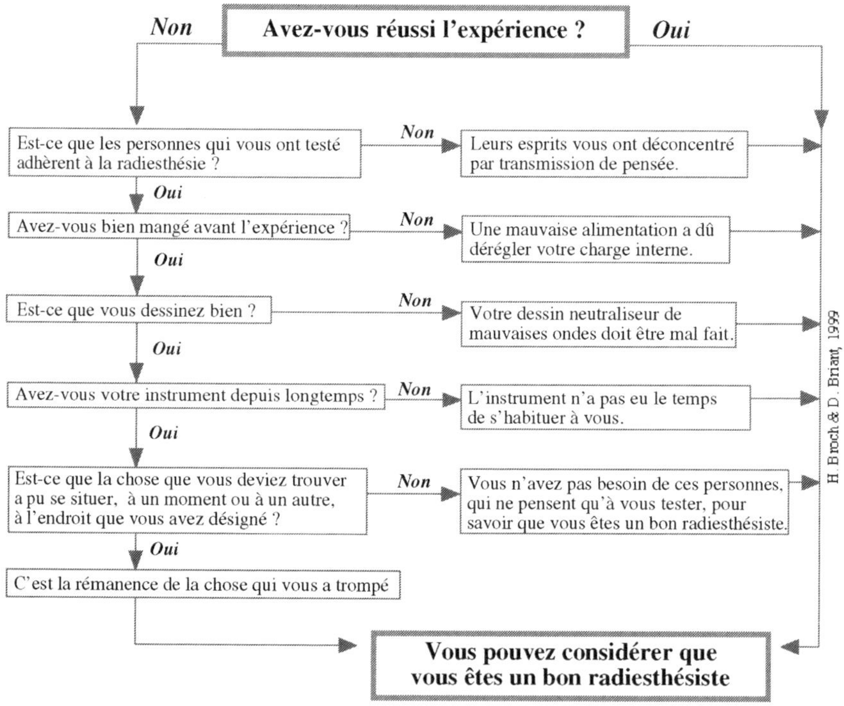

1. Recueil de quelques possibilités de repli pour radiesthésiste élaboré par Henri Broch et David Briant (étudiant de zététique ayant travaillé sur la radiesthésie, dominante chimie physique, 1998-1999).

Le mystère du sarcophage d'Arles-sur-Tech

Arles-sur-Tech, petite ville des Pyrénées-Orientales, toute proche d'Amélie-les-Bains, mériterait d'être connue du monde entier : de tous les points du globe devraient y accourir amis et ennemis du miracle, sans parler des savants spécialement intéressés par les faits : physiciens et chimistes, géologues, hydrologues, adeptes de la baguette et du pendule... Son église, en effet, possède la plus invraisemblable des sources, une source mille fois plus mystérieuse que la baguette des sourciers, une source entre ciel et terre. Le siège de cette source est une tombe de marbre ne reposant sur le sol que par deux socles massifs de vingt centimètres de hauteur.

Ce texte de la première moitié du XXe siècle n'a toutefois pas apporté la renommée à cette curieuse tombe. Il faudra attendre plus d'un demi-siècle pour que la célébrité soit vraiment au rendez-vous. Mais, auparavant, quelques mots sur le monument lui-même.

Cette tombe — plus précisément, ce sarcophage — est taillée dans un bloc de marbre de 1,90 mètre de long sur 0,65 mètre de haut et 0,50 mètre de large ; le couvercle, de forme prismatique, atteint une trentaine de centimètres de hauteur. Ce sarcophage, que certains font remonter au IVe ou au Ve siècle, censé avoir contenu les restes des saints Abdon et Sennen, est devenu célèbre en 1992 lorsqu'un magazine de la chaîne TF1 consacra un dossier entier à la fameuse « sainte tombe » (c'est le nom donné de longue date au sarcophage par les habitants) de l'abbaye d'Arles-sur-Tech. Cette sainte tombe (*cf.* photo ci-après) se trouve à l'air libre,

© H. Broch

au bas d'un mur d'une douzaine de mètres de haut, surplombant une courette qui s'ouvre du côté nord sur la place de l'église à laquelle elle est attenante. Le couvercle du sarcophage est aussi épais que les parois — de l'ordre d'une dizaine de centimètres — et repose d'une façon imparfaite sur ces dernières ; on peut même glisser les doigts dans l'interstice en deux ou trois endroits. Le sarcophage ne repose pas directement sur le sol mais, comme il a été dit, sur deux blocs de marbre.

Le phénomène « miraculeux » présenté par ce sarcophage est le suivant : chaque jour, de l'eau, en quantité assez importante, environ un litre, s'accumulerait à l'intérieur. Cette eau est quasiment pure et on lui attribue des vertus curatives. On peut la puiser par un petit trou situé sur un des côtés, à la jointure du sarcophage et de son couvercle, trou par lequel une petite pompe à siphon est introduite.

Il arrive même que « le sarcophage déborde ». La production aurait atteint 800 litres par an. Il n'y a apparemment aucune supercherie, aucune tuyauterie, aucun remplissage extérieur. C'est un « mystère irrésolu » comme l'a prétendu l'émission *Mystères* dans son tout premier numéro diffusé le 8 juillet 1992 sur TF1. Au cours de cette émission, différents documents avaient été présentés de même que des entretiens et une enquête conduite à la fin des années 1950 par des hydrologues pour conclure, que « les études menées jusqu'à présent laissent un petit peu à désirer » et que « la sainte tombe ne livre pas son secret ».

L'inscription figurant sur la plaque rivée à la grille d'entrée de la courette où se trouve le sarcophage (*cf.* photo ci-après), et qui fait un très rapide historique du monument, l'affirme également : « La sainte tombe n'a pas livré son secret. »

UNE ENQUÊTE ET UN *BLACK-OUT*

Alors, mystère ? Miracle ? Eh bien, ni l'un ni l'autre !

Nous allons consacrer quelques pages[1] au mystère de ce sarcophage, non que ledit mystère soit si profond qu'il faille mener de longues investigations, mais parce que le cas est assez représentatif de l'impact quelquefois délétère que peut avoir, à plusieurs niveaux, un média puissant comme la télévision : de nombreuses personnes croient en effet encore que le mystère du sarcophage est irrésolu ou bien font appel à des explications qui, de fait, n'en sont pas, alors que la solution est énoncée en détail depuis plus de quarante ans.

1. Pour un dossier complet, *cf.* le site web du laboratoire de zététique de l'université de Nice-Sophia Antipolis www.unice.fr/zetetique dans son espace « Zetetic-Files » ou « Documentation ».

En effet, contrairement à ce qui a été affirmé explicitement dans l'émission en question et dans différents écrits, l'enquête menée il y a une trentaine d'années (à la date de l'émission de TF1) par des scientifiques avait déjà permis de conclure de manière très nette[1]. Ce sont les résultats de ces hydrologues — MM. Pérard, Honoré et Leborgne — que nous portons à votre connaissance par de larges emprunts.

L'enquête a été menée avec l'accord et la collaboration du curé d'Arles-sur-Tech qui a mis la clef de la courette à la disposition des chercheurs, et avec la collaboration de M. Rougé, instituteur en retraite. Durant l'année 1961, pendant deux mois et demi — une seule interruption de quelques jours pour Pâques en raison des visites de fidèles ou de touristes —, des mesures, observations et expériences ont pu être effectuées selon un programme établi à l'avance.

Les *hypothèses* émises *a priori* étaient :

- une remontée capillaire par l'intermédiaire des dés, les cales sur lesquelles repose le sarcophage ;
- une condensation de l'eau contenue dans l'air pendant les heures chaudes de la journée, c'est-à-dire quand la température des parois du sarcophage est inférieure à celle de l'air ambiant ;
- un phénomène de rosée : refroidissement du sarcophage pendant la nuit, par suite du rayonnement, avec abaissement de la température des couches d'air voisines et dépôt de gouttelettes d'eau ;

1. G. Pérard, « Sarcophage d'Arles-sur-Tech. Rapport technique », *La Houille Blanche*, n°6, décembre 1961, p. 874-881, avec un petit article introductif intitulé « L'eau... culte » signé par C. Leborgne (p. 873) qui avait introduit sous ce titre le problème posé par le sarcophage d'Arles-sur-Tech dans *La Houille Blanche*, n° 1, janvier-février 1959, p. 76-77.

– en complément des deux hypothèses précédentes : la traversée possible du couvercle par l'eau condensée et peut-être l'eau de pluie par effet de capillarité et gravité.

Les *mesures* effectuées ont porté sur :

– la température (thermomètre enregistreur placé à proximité du sarcophage, bande relevée toutes les semaines) ;
– l'humidité (hygromètre enregistreur placé à côté du thermomètre) ;
– le niveau de l'eau dans le sarcophage (niveau repéré, sur une réglette graduée, dans un tube relié par un siphon à l'intérieur du sarcophage) ;
– la direction et la force du vent ;
– la pluviométrie.

Les *expériences* faites sur place (d'autres ont été faites en laboratoire) :

– le masticage du pourtour du couvercle de façon à voir si l'eau venait uniquement de l'air qui peut circuler dans le sarcophage ;
– la pose d'une housse en nylon sur le couvercle avec un espace de 5 centimètres ménagé pour la circulation d'air.

On observe que deux mois sans pluie, c'est deux mois sans variation du niveau d'eau dans le sarcophage, excepté les baisses dues aux prélèvements de M. le Curé. Ce simple constat est déjà important. Il montre en effet, comme le dit le rapport technique, « qu'il ne se produit pas 1 à 2 litres d'eau chaque jour, et la production n'est donc absolument pas continue, ce qui aurait pu être vérifié depuis fort longtemps ». Le 10 avril 1961, il tombe 5,5 millimètres d'eau ; le lendemain 6,9 millimètres, et le surlendemain le niveau d'eau du sarcophage a changé, il s'est élevé d'environ 1 millimètre. Ces

Sarcophage d'Arles-sur-Tech : hauteur d'eau en fonction de la date

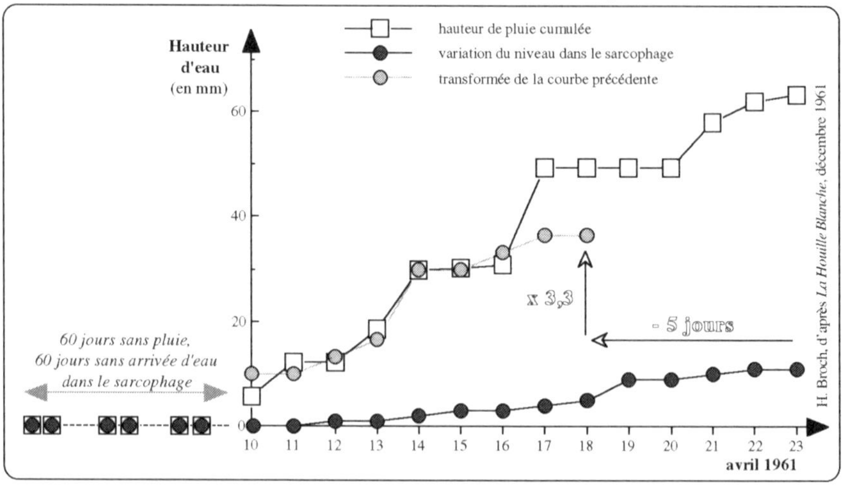

relevés et ceux des jours qui suivent jusqu'au 23 avril sont donnés dans un tableau, transcrit sous forme de courbes.

Ces graphiques — hauteur de pluie cumulée, variation du niveau dans le sarcophage et transformée de la courbe du niveau dans le sarcophage — montrent de manière très claire que le sarcophage se remplit d'eau de pluie. Les hydrologues en étaient « arrivés à conclure que l'eau met en moyenne cinq jours pour traverser le couvercle et qu'un tiers de l'eau de pluie est récupéré en moyenne dans le sarcophage ».

Un coup d'œil indiscret à l'intérieur du sarcophage par les interstices disponibles avait d'ailleurs déjà montré la présence de grosses gouttes d'eau rassemblées en quelques endroits du couvercle. La pluie précédant cette observation datant de vingt jours, cela montre que l'écoulement de toute l'eau peut être assez long comparé à la moyenne.

De l'eau versée goutte à goutte sur le couvercle du sarcophage disparaissait presque immédiatement en humidifiant un cercle de plus en plus grand et, bien que la surface du couvercle fût très inclinée, le cercle mouillé avait son centre exactement au point d'impact de la goutte. La surface du couvercle est irrégulière et présente des petits trous hémisphériques de 1 à 2 millimètres de diamètre qui, une fois remplis, se vident en 45 secondes environ.

Au passage, l'étude des hydrologues nous apprenait que certaines expressions sont vraiment trompeuses. Ainsi, lorsqu'on dit ou écrit « le sarcophage déborde parfois », cela fait penser à — au moins — un filet d'eau qui coule, or la réalité est assez différente puisqu'elle est tirée d'un constat signé par dix personnes le 3 avril 1942 selon lequel : « Le sarcophage est plein, le liquide déborde, une grosse goutte tombe toutes les deux minutes sur le devant du tombeau. » Le tombeau étant légèrement incliné, cela explique le débordement en un point bien précis seulement.

La conclusion générale de ce rapport technique sur le sarcophage d'Arles-sur-Tech était la suivante :

> *Le couvercle du sarcophage est perméable, et l'eau de pluie y pénètre, met quatre à six jours en moyenne pour traverser la pierre, et s'écoule ensuite goutte à goutte à l'intérieur. Comme il ne peut y avoir une circulation d'air importante entre l'extérieur et l'intérieur, il n'y a pratiquement pas d'évaporation et l'eau peut donc bien s'accumuler. Comme, de plus, l'eau de pluie lave et attaque même légèrement le couvercle, celui-ci reste propre et perméable et le phénomène peut se prolonger indéfiniment.*
>
> *[...] Pourquoi alors l'eau reste-t-elle dans le sarcophage, puisque le corps de celui-ci est également en marbre ? Tout d'abord, la pierre n'a pas rigoureusement le même aspect, et il est possible qu'elle ait été taillée dans un banc très peu perméable. D'autre part, l'eau stagnante dans le sarcophage laisse déposer les moindres particules qu'elle peut contenir, et il se dépose également le peu de poussière qui arrive à passer par les interstices.*

[...] On peut également penser qu'un peu de poussière est entraîné par l'eau qui ruisselle sur le couvercle et pénètre entre couvercle et corps (phénomène de la « goutte pendante »)... les dépôts ont dû, au cours des siècles, rendre le sarcophage étanche en pénétrant dans les pores mêmes de la pierre...

La conclusion signale encore que, le couvercle étant perméable, le phénomène de rosée prend toute sa valeur, car l'eau qui se dépose sur le couvercle peut ensuite s'infiltrer.

En résumé, comme le disait la présentation du travail, « nous avons travaillé, cogité, sondé, palpé, siphonné (et) nous avons mis le doigt sur la goutte qui remplit le sarcophage ».

Le fabuleux mystère du sarcophage d'Arles-sur-Tech porté à la connaissance du grand public par l'émission *Mystères* de TF1 se réduit donc dans les faits à un phénomène on ne peut plus naturel qui n'aurait, suite à l'enquête des hydrologues de 1961, plus attiré l'attention de personne n'était la désolante et lamentable désinformation à laquelle se sont livrés les producteurs de l'émission et le journaliste présentateur. Une anecdote significative montre bien ce parti pris obscurantiste. Des mois *avant* la diffusion de l'émission en question, lors de l'élaboration et la mise en forme de la série *Mystères*, un journaliste travaillant pour cette société de production avait contacté l'un d'entre nous pour savoir s'il voulait bien être le « scientifique de service ». Entre autres sujets évoqués : le sarcophage d'Arles-sur-Tech. Le journaliste avait été clairement informé de la solution, en détail, et donc que le mystère n'en était plus un depuis longtemps !

Ce contact fut alors suivi d'un grand silence. Et quelque temps plus tard, dans la première émission *Mystères*, on présentait le sarcophage d'Arles-sur-Tech comme une énigme non résolue.

LES PARAPSYPHILES RENCHÉRISSENT

Une des conséquences de l'émission *Mystères* a été également de fournir du grain à moudre à des parapsychologues à la dérive ou en mal de copie. Dans la floraison d'inepties, voici quelques extraits récents :

Yves Lignon dans le *Midi Libre* du 27 juillet 1998 : « La solution proposée dans plusieurs articles parus entre 1959 et 1961... est pour plusieurs raisons facilement réfutable. Selon les auteurs de ces études, le sarcophage se remplit parce que l'eau de pluie s'infiltre. Peut-être, mais quand on lit que les mesures de la hauteur d'eau ont été faites à l'aide d'une règle d'écolier, on se demande, même sans animosité, s'il est possible de prendre ces gens-là au sérieux.

« [...] si... on procède... à quelques calculs sur les tableaux des nombres fournis, on s'aperçoit que rien ne permet de dire qu'il existe statistiquement un lien entre quantité de pluie et hauteur d'eau dans le sarcophage [...]. »

Le journaliste qui a fait l'article central, J. Vilaceque, nous donne également une information étonnante sur le sarcophage : « Il est là sous son auvent dans une courette à gauche de l'église, posé sur deux socles de pierre de 20 centimètres de haut » et se remplit d'eau « tout seul. Sans que la pluie ne l'effleure... ».

Yves Lignon y reviendra ailleurs[1] : il ne peut pas s'agir d'eau de pluie puisque « le monument est à l'abri », d'une part, et que « des analyses d'eau en Angleterre » l'ont montré d'autre part.

---

1. Dans *Les Dossiers scientifiques de l'étrange*, Paris, Michel Lafon, 1999, et dans *Vent Sud*, France 3 Sud, 20 septembre 1999.

COMMENT ON FABRIQUE UN MYSTÈRE...

Où le journaliste du *Midi Libre* et le dénommé Yves Lignon ont-ils vu que le sarcophage est à l'abri ? C'est absolument faux ! Le sarcophage est dans une courette, en plein air, en plein nord et ne voit pas le soleil. Il n'y a strictement rien au-dessus. Il n'y a pas d'auvent. Au contraire même, il y a un léger rebond de tuiles sur le mur de derrière (*cf.* la photographie précédente), ce qui draine *encore plus* d'eau vers le sarcophage (notez bien que nous disons « vers » et non pas « dessus »).

De deux choses l'une, ou ces deux personnes n'ont jamais mis les pieds à Arles-sur-Tech et inventent allègrement pour « faire de la copie » ou elles mentent effrontément et consciemment. Dans les deux cas, elles n'en sortent pas grandies. Mais, si la question de la crédibilité de tels individus est vite réglée, reste les lecteurs de leur prose qui, en toute bonne foi et pensant être informés objectivement, seront certains que le sarcophage est abrité de la pluie et que le mystère est donc total.

LA PESTE SOIT DE CETTE RÈGLE D'ÉCOLIER

Il semble que M. Lignon n'ait pas compris — ce qui est pourtant élémentaire — qu'avec une règle d'écolier on peut tout de même travailler correctement. Peut-être s'imagine-t-il que les graduations d'une règle « de gosse » sont faites au « pifomètre » ? Un millimètre est évidemment un millimètre et une règle d'écolier suffit largement pour faire ce type de relevés.

Ce que certains parapsychologues semblent ignorer c'est que l'on peut parfaitement faire des manipulations avec du ruban adhésif et des bouts de ficelle (une manip' « avec les mains », en mettant la « main à la pâte » !) qui — dans une première approche — donnent des résultats tout à fait probants pour comprendre un phénomène ou tester une hypothèse. Ce qui compte évidemment, c'est la méthodologie utilisée et non la sophistication de l'appareillage, c'est en l'occurrence beaucoup plus la *manière* de faire une mesure que la *qualité* de l'instrument employé. Peu importe que leur système de mesure soit rudimentaire pourvu qu'il soit efficace. Et il l'est !

UN FABULEUX « STATISTICIEN » EN ACTION...

Monsieur Lignon affirme donc : « si... on procède... à quelques calculs... on s'aperçoit que rien ne permet de dire qu'il existe statistiquement un lien entre quantité de pluie et hauteur d'eau dans le sarcophage... »

On croit rêver ! Le lien entre quantité de pluie et hauteur de l'eau dans le sarcophage est au contraire *certain.* Évidemment, à condition de faire les calculs correctement, c'est-à-dire en prenant en compte toutes les valeurs 0 (zéro) dans les deux mois qui précèdent les premières variations de niveau d'eau (*cf.* le graphique). Valeurs que l'on *doit* (et non « que l'on peut ») prendre en compte dans le calcul testant l'hypothèse d'une corrélation entre quantité de pluie et hauteur d'eau dans le sarcophage. Deux mois sans pluie, deux mois sans variation du niveau d'eau dans le sarcophage, hormis ce que le curé retire évidemment, puis, dès qu'il pleut, le niveau commence à monter. Pas la peine de faire compliqué : le lien y est !

AUTANT REDÉCOUVRIR L'AMÉRIQUE...

La condensation : « véritablement une voie de recherche à exploiter ». Un parapsychologue nous fait ainsi part de la grandiose découverte qu'il a faite en lisant un article de 1998 d'un quotidien régional dans lequel un professeur de physique suggère de s'intéresser à une autre possibilité : la condensation[1]. On croit encore rêver.

L'article de 1961 des hydrologues évoque évidemment la condensation de l'eau contenue dans l'air, *premier* phénomène auquel toute personne s'intéressant au sarcophage pensera. L'article précise même dans un passage sur les températures relevées : « ... ces chiffres sont donnés à l'attention des personnes qui ont fait des petits calculs sur la quantité d'eau que l'on peut recueillir par la condensation. » Mais il semblerait que ces *petits* calculs dépassent déjà les capacités de certains grands parapsyphiles qui ignorent de plus que le phénomène de paroi froide ne peut produire que des quantités faibles (nous en reparlerons plus loin) par rapport à celles qui sont en jeu à propos du sarcophage.

Juste pour apprécier encore un peu plus cette « découverte » de la condensation, voici quelques lignes, entre tant d'autres, consacrées au grand mystère du sarcophage d'Arles-sur-Tech : « D'autres ont pensé que la pierre du sarcophage pourrait bien absorber l'humidité de l'atmosphère, et que l'eau recueillie dans le fond du sarcophage ne serait que cette humidité déposée là par condensation. Mais... il faut reconnaître qu'un phénomène de ce genre n'aboutirait jamais à produire des centaines de litres par an. » Ce texte,

1. Dans *Vent Sud*, France 3 Sud, 20 septembre 1999, on pouvait entendre ce dialogue :
Pierre Macias : ... *On peut rentrer dans des approches autour de la condensation... qui fait qu'au niveau des parois froides... on peut avoir production d'eau de manière importante.*
X : *C'est aujourd'hui l'explication la plus rationnelle ?*
PM : *C'est une des hypothèses.*
Yves Lignon : *Cette hypothèse... c'est véritablement une voie de recherche à exploiter.*

clair comme de l'eau de roche, date de plus de soixante ans — oui, vous avez bien lu : *soixante* ans — avant[1] la magnifique nouvelle hypothèse qui enthousiasme M. Lignon.

Afin qu'il n'y ait aucune ambiguïté et pour bien montrer que la condensation n'est en rien une hypothèse nouvelle, il faut rappeler que c'est une réalité reconnue quasiment par toute personne s'étant intéressée sérieusement au sarcophage d'Arles-sur-Tech en optant pour une origine naturelle. Là où il y a divergence, c'est tout simplement sur la part de la condensation dans la production d'eau.

Certains optent pour un condenseur d'humidité à rendement particulièrement élevé et rejettent presque l'hypothèse de l'eau de pluie, en contradiction toutefois, depuis 1961, avec les données, tandis que d'autres optent plutôt pour une prépondérance de la pluie, comme le démontrent les données publiées en 1961, avec une faible participation des autres sources.

À titre d'exemple des nombreux textes ayant abordé le sujet, voici un extrait d'article des *Mémoires de l'Institut de préhistoire et d'archéologie des Alpes-Maritimes*[2] de 1975-1976 traitant des puits aériens et où l'on pouvait lire à propos du sarcophage d'Arles-sur-Tech :

> *[L'eau du sarcophage] est produite d'une part par la condensation de l'humidité de l'air résultant de la différence des températures intérieure et extérieure et parfois peut-être par la pénétration, les jours de pluie, de l'eau à travers le couvercle poreux ou par suintement de gouttelettes passant par les interstices existant entre le couvercle et le sarcophage.*

---

1. O. Leroy, « Notes et réflexions. Un prodige permanent : la tombe d'Arles-sur-Tech », *Vie Intellectuelle*, vol. 10, n° 43, 1936, p. 191-196.
2. C. R. Cheneveau, « L'eau dans les castellaras de la Ligurie marinalpine (puits aériens) », *Mémoires de l'Institut de préhistoire et d'archéologie des Alpes-Maritimes*, tome XIX, 1975-1976, p. 3-16. Nous remercions Denis Biette qui nous a signalé cet article.

On a émis, à ce sujet, un certain nombre de théories ; pour :

- [1933] *P. Basiaux : « C'est un capteur d'humidité atmosphérique à rendement élevé. »*
- [1934] *H. de Varigny : « L'opinion des autorités de l'abbaye est qu'il s'agit là d'un phénomène naturel, d'une condensation spontanée, qui s'expliquera tôt ou tard par la physique » ; pour l'auteur « le phénomène considéré comme miraculeux s'explique fort bien par la physique ».*
- [1957] *René Colas : « On se trouve là en présence de circonstances exceptionnelles : exposition au nord dans une cour profonde où ne pénètre pas le soleil, ensemble architectural environnant comportant des constructions massives formant probablement volant thermique et surtout bonne circulation de l'air chaud et humide déversé par-dessus la paroi sud, se refroidissant au niveau du sol, dont l'humidité se condense dans la cuve du sarcophage. »*
- [1959] *Delaunay-Delapierre et Delapierre-Devinoux [vous remarquerez au passage que l'on savait s'amuser à l'époque avec les pseudonymes] : « C'est le résultat d'un phénomène de condensation de l'air. »*
- [1957] *Dupasquier : « Le rendement du sarcophage est bien élevé par rapport aux installations de Théodosia ou de Montpellier. »*
- [1960] *Nicolas Chtechapov : « Il admet la production d'eau par condensation de l'air mais reste quand même dubitatif ici. »*

DE THÉODOSIA À TRANS-EN-PROVENCE

Certaines personnes croyant tenir l'explication de la production d'eau à l'intérieur de la « sainte tombe » par un phénomène de condensation, il est nécessaire de faire maintenant un court voyage qui nous mènera du pays des cigales et de l'olivier jusqu'en Crimée.

À Trans-en-Provence (Var), le monument le plus connu du village est sans conteste le puits aérien. Ce monument correspond à un véritable essai grandeur nature de récupération de l'humidité atmosphérique pour obtenir de l'eau par condensation. Il n'est peut-être pas inutile pour notre propos de rappeler quelques données.

Ce puits aérien, conçu en 1928 et dont la réalisation fut terminée en 1931, est dû à Achille Knapen, ingénieur belge, lauréat de la Société des ingénieurs civils de France. Il est fort imposant (*cf.* photo ci-dessous) avec ses 12 mètres de diamètre à la base, près de 13 mètres de haut et sa paroi d'environ 2,5 mètres d'épaisseur percée d'orifices permettant la circulation de l'air ; à l'intérieur, près de 3 000 petites plaques d'ardoise furent disposées pour augmenter la surface de condensation.

Malheureusement, cet édifice n'a jamais pu concrétiser les espoirs de son créateur qui avait même déposé un brevet aux États-Unis[1]. Achille Knapen espérait en effet une production de 30 à 40 mètres cubes par jour et le puits aérien ne put fournir, les meilleures nuits, que quelques litres d'eau.

Cet essai grandeur nature de récupération de l'humidité atmosphérique par condensation dans un puits aérien n'est pas unique[2], on peut en citer également un autre. Conçu en 1929 par Léon Chaptal, directeur de la station de bioclimatologie agricole de Montpellier, le récupérateur consistait en une pyramide de pierres calcaires d'environ 13 mètres cubes érigée sur une plate-forme bétonnée permettant de recueillir l'eau. Ce condenseur fonctionna effectivement mais la quantité moyenne d'eau recueillie par jour oscilla entre 0,2 et 0,5 litre !

À l'origine de ces essais, on trouve le « fait » souvent invoqué comme *la* preuve de la possibilité effective de tels systèmes : « La ville de Théodosia en Crimée était, quatre siècles avant notre ère, alimentée en eau par des capteurs d'humidité constitués de (13 ?) gros monticules de pierres. » En effet, à la fin du XIXe siècle, F. Zibold, ingénieur chargé des travaux d'adduction d'eau à Théodosia, avait découvert sur les collines environnantes de gigantesques cônes de pierres à côté des canalisations d'alimentation en eau de la ville et s'était convaincu que ces pyramides étaient des condenseurs d'humidité pouvant chacun — selon le résultat de ses calculs — fournir quotidiennement 55 400 litres d'eau potable à la cité antique.

---

1. Brevet US n° 1.816.592 du 28 juillet 1931.

2. Il ne faut pas confondre ces essais de puits aériens en région sèche avec les essais de récupération des gouttelettes de *brouillard* par des filets, des bâches ou des arbres dans certaines régions très humides.

Cette hypothèse ne fut d'ailleurs pas vérifiée par Zibold lui-même puisque la tentative de réplication à échelle réelle qu'il commença en 1905 — deux mille tonnes de galets entassés en cône tronqué de 20 mètres de diamètre à la base, 8 mètres de diamètre au sommet et 6 mètres de haut — ne donna apparemment pas les résultats espérés. Ce qui n'était ainsi qu'une hypothèse devint vite un article de foi.

Très succinctement, que peut-on en dire ? Pierre Descroix[1] a montré, il y a déjà plusieurs décennies, que les chiffres annoncés par Zibold pour l'alimentation en eau de Théodosia *via* les treize « pyramides-condenseurs » étaient invraisemblables et que les quantités d'eau de condensation alléguées provoqueraient pour chaque pyramide de pierres une élévation de température de 99 °C ! Ce qui, on le voit, enlevait toute viabilité au système.

Deux expéditions, en 1993 et 1994, destinées à éclaircir le mystère des puits aériens de Théodosia, ont fini de lever le voile. Comme l'a rapporté Daniel Beysens[2], directeur de la mission à Féodosia (Théodosia), les fouilles ont montré que les canalisations (qui sont en fait médiévales ou modernes) du réseau d'alimentation en eau de la ville se sont développées aux abords des pyramides « de façon totalement indépendante » et que ces fameuses pyramides-condenseurs qui cernent Théodosia sont en réalité des kourganes, des *tombes* scythes ou grecques !

1. P. Descroix, « La récupération de l'humidité atmosphérique », *L'Eau*, août 1951, p. 127-129. Pierre Descroix précise dans cet article : « Des considérations de rendement permettent d'affirmer que le débit théorique maximum ne devait pas dépasser 5 % du chiffre mis en avant par Zibold... »
2. D. Beysens avec la collaboration de A. Gioda, E. Katiouchine, I. Milimouk, J.-P. Morel, V. Nikolayev, « Les puits de rosée, un rêve remis à flot », *La Recherche*, mai 1996.

Si l'humidité de l'air est certes récupérable par des condenseurs, le produit optimal ou (au moins) efficace pour cela est loin du type d'essais tentés à Théodosia, Trans-en-Provence ou Montpellier. Et, n'en déplaise aux parapsychologues amateurs de la théorie de la condensation, le sarcophage d'Arles-sur-Tech n'est pas près de prendre la relève comme puits aérien ultra-efficace.

ORIGINE CÉLESTE DE L'EAU CONFIRMÉE

Le principal résultat de la publication de 1961 a été confirmé par une étude récente[1] qui porte essentiellement sur la détermination de la quantité d'eau produite par condensation à l'intérieur du sarcophage. Le résultat est clair et net : l'eau est bien d'origine naturelle. Les auteurs de cette nouvelle étude ont recueilli des données sur près de trois ans de manière totalement passive, c'est-à-dire en n'intervenant pas sur le phénomène. Ils ont ainsi placé quatre thermocouples qui ont mesuré la température de l'air externe, de l'eau dans le sarcophage, de la pierre à l'extérieur du sarcophage et de la pierre à l'intérieur du sarcophage pendant près de sept mois, puis de l'air à l'intérieur du sarcophage. Étaient également mesurées — *via* deux stations externes situées à 200 et 250 mètres environ du sarcophage — la quantité de pluie, la température de l'air ambiant, l'humidité relative et la pression atmosphérique.

La conclusion des chercheurs est on ne peut plus limpide en de telles circonstances, elle éclaircit — et chiffre — les deux phénomènes intervenant dans le remplissage de la sainte tombe, le phénomène d'évaporation étant évidemment un

1. D. Beysens, M. Muselli, J.-P. Ferrari, A. Junca, « Water production in an ancient sarcophagus at Arles-sur-Tech (France) », *Atmospheric Research* 57, 2001, p. 201-212.

facteur complémentaire négatif : infiltration de l'eau de pluie et condensation de la rosée.

Autant citer les propos précis des auteurs, extraits de la revue *Atmospheric Research* :

> *Il a été allégué, depuis au moins le XVIe siècle, qu'un sarcophage clos, situé dans la cour de l'abbaye d'Arles-sur-Tech (France), produit des centaines de litres par an. Plusieurs hypothèses ont été avancées pour expliquer ce mystère. Après environ trois ans de collecte de données, on conclut que la production d'eau, qui se monte à environ 200 litres par an, provient d'un bilan entre eau de pluie, condensation de la rosée et évaporation. Des défauts dans la fermeture permettent l'échange avec l'atmosphère. La condensation est environ six fois plus importante que l'évaporation et intervient pour environ 10 % de la production totale d'eau*[1].

De même, la conclusion de l'article :

> *[...] le phénomène de captation de l'eau dans le sarcophage d'Arles-sur-Tech peut être compris comme un équilibre entre l'eau de pluie qui s'infiltre entre le corps du sarcophage et le couvercle, la condensation de la rosée et son phénomène complémentaire, l'évaporation. Une production totale d'eau d'environ 200 litres par an a été mesurée, avec une contribution de la rosée représentant environ 10 % de la production totale, soit 20 litres par an.*

En ce qui concerne l'analyse des données, les auteurs écrivent : « Nous avons d'abord essayé de corréler les précipitations d'eau de pluie... avec le taux de production d'eau dans la tombe » ; et ils déduisent des valeurs obtenues : « [...] il est clair qu'une forte corrélation existe entre ces deux quantités ».

---

1. Traduction de l'*Abstract* complet et passages soulignés par nous. Dans ce qui suit, les citations de Beysens *et al.* sont les traductions du texte d'origine de la publication.

En d'autres termes, Beysens et ses collaborateurs ont, comme leurs prédécesseurs en 1961, établi une relation entre la quantité d'eau apparaissant dans le sarcophage et la hauteur de pluie tombée et ils ont, de plus, mis en évidence la contribution du facteur de condensation.

Avant de clore sur cette nouvelle étude du sarcophage d'Arles-sur-Tech, il est nécessaire de noter que Beysens et ses collaborateurs portent une curieuse appréciation sur le travail de 1961 ; ils écrivent textuellement que la conclusion de leurs prédécesseurs — couvercle perméable et migration en cinq jours à travers le couvercle — n'est pas fondée, mais ils n'apportent nulle part de justification à leur allégation. Au contraire même, ils se trompent sur deux points essentiels.

Premier point : sarcophage vide au début des mesures. Le délai entre pluie et variation du niveau d'eau dans le sarcophage observé dans les mesures de 1961 serait dû à un volume mort du fait de l'inclinaison du sarcophage par rapport à l'horizontale. Lorsque ce dernier se remplit, en commençant évidemment par le volume mort, on ne peut pas lire le niveau d'eau puisque l'appareil de lecture n'est pas encore atteint, ce qui crée un décalage. Mais vouloir tirer argument de ce volume mort pour expliquer le décalage dans la lecture des niveaux présuppose nécessairement que le sarcophage soit vide au début des mesures. Or cette présupposition est fausse ! Le sarcophage n'était pas vide. Le niveau d'eau était connu et parfaitement mesurable dès le début des expériences et cela ressort directement de la lecture de l'article de 1961. En effet, une simple petite règle de trois permet même d'estimer le volume initial d'eau contenu dans le sarcophage au début des mesures à environ 120 litres d'eau ! Pour un sarcophage *vide*, cela fait tout de même beaucoup !

Deuxième point : perméabilité et imperméabilité. L'opinion de Beysens et ses collaborateurs selon laquelle le marbre ne peut pas être perméable en son cœur n'est étayée par aucun argument ni aucune expérience. Elle est même contradictoire avec les expériences faites en 1961 qui montrent la perméabilité du marbre du couvercle !

Ce que cet exemple nous montre, c'est qu'il n'est pas correct de vouloir mettre en balance des *faits* et des *opinions* surtout lorsque ces dernières ne sont pas soutenues par une démonstration ou une justification un peu plus forte que « Il nous a *semblé naturel* d'en déduire que le sarcophage était vide » ou encore « Nous *pensons* que le marbre n'est pas perméable en son cœur ».

EN CONCLUSION…

Le public dispose actuellement, avec les travaux de 1961 et ceux de 2001, d'une information bienvenue sur la fameuse sainte tombe qui se remplit donc d'une d'eau maintenant non mystérieuse. À titre d'explication complémentaire pour la conservation de l'eau dans le fond du sarcophage, nous nous permettons également de porter à la connaissance du lecteur un paramètre essentiel et très souvent passé sous silence : l'intervention humaine. Ainsi, « en 1848, l'eau venant à se perdre peu à peu par une petite fissure dans la partie inférieure de la tombe, on la souleva de 0,75 mètre pour permettre de boucher la fente facilement ».

Nous espérons que, dans un proche avenir, une nouvelle plaque sera placée sur la grille à l'entrée de la courette de la sainte tombe d'Arles-sur-Tech et que les médias ne manqueront pas de diffuser l'inscription que cette plaque portera :

La sainte tombe a livré son secret : pluie et condensation.

La radioactivité ou le diable entre dans le bénitier

Un phénomène « naturel », comme la condensation de l'eau dans le sarcophage dont nous venons de parler, c'est bien. Un phénomène « artificiel », c'est mauvais. C'est — à peu de choses près — ce que l'on entend souvent dire : « c'est chimique », c'est « artificiel », c'est... La radioactivité « naturelle », ça va ; la radioactivité « artificielle », bonjour les dégâts ! Les corps radioactifs font aujourd'hui l'objet d'une diabolisation saugrenue.

Le XXe siècle a vu leur éclosion puis leur intrusion galopante dans beaucoup d'activités humaines, de la recherche en biologie à la datation des vieux suaires[1], de la médecine nucléaire à la vaporisation instantanée de cités, de la nécrose contrôlée de prostates cancéreuses à la production dangereuse d'électricité, de la consécration de savants entrant au Panthéon à l'objet de batailles électorales furieuses.

Ce siècle a connu d'effroyables cataclysmes, où la fureur humaine sous ses formes les plus bestiales a pu se déchaîner : guerres féroces entre les grands pays industriels, camps d'extermination et goulags où périrent des dizaines de millions d'êtres humains condamnés pour leur race, leur ethnie, leur religion ou leur appartenance à une classe sociale maudite, guerres coloniales impitoyables où s'affrontèrent ceux qui voulaient préserver un ordre établi par des siècles de domination et ceux qui voulaient accéder à l'indépendance mais se réclamaient d'idéologies qui aboutirent à

1. Par exemple la datation au carbone-14 du fameux « saint suaire de Turin » a donné comme date 1325 ± 65, confirmant ainsi la datation historique du XIVe siècle.

des régimes souvent pires, pour les peuples, que ceux qu'ils voulaient renverser.

D'après les historiens, plus de cent millions d'être humains furent ainsi tués pendant ce siècle, mais les armes nucléaires n'y contribuèrent que pour quelques millièmes. Et pourtant, la crainte de ces armes domine la pensée politique de beaucoup d'humains et pèse sur l'avenir de l'énergie nucléaire, pour des raisons parfois légitimes.

Certes, pendant la guerre froide qui vit s'affronter les deux gigantesques blocs, la crainte d'un cataclysme nucléaire a sans doute dissuadé l'un et l'autre des adversaires de dépasser certaines limites. Pour beaucoup de gens de l'Ouest, la perspective d'une guerre nucléaire n'était pas aussi effrayante que la victoire militaire du bloc soviétique. Sans doute la vision de la destruction impitoyable de certaines classes sociales, des paysans aisés, des petits bourgeois, des membres de l'intelligentsia, des groupes religieux, contribua-t-elle à faire préférer la mort plutôt que subir la domination d'un tyran comme celui qui cueillit en prime, après la guerre de Corée, le poste héréditaire de conducteur du peuple en Corée du Nord.

Dans le camp opposé, l'adage suivant lequel l'ennemi de mon ennemi est un ami conduisit au soutien, par de grandes démocraties, de la lie fasciste de certains pays, comme les colonels grecs, ou Pinochet ou Mobutu. La liste est, hélas ! très longue, et tous les cadres politiques qui ont trempé, à une époque ou une autre de leur carrière, dans des épisodes peu glorieux, qui des guerres coloniales, qui du stalinisme, qui du polpotisme, espèrent du siècle qui s'ouvre qu'il effacera l'ardoise et leur permettra de repartir avec une blancheur de lys dans de nouvelles aventures.

Cette crainte explique cependant pourquoi règne aujourd'hui une confusion politique qui contribue à donner une certaine virginité au siècle qui commence dans lequel peu de vieux cadres politiques peuvent se targuer d'avoir été d'une lucidité exemplaire.

Mais, lorsqu'on voit qu'au terme de l'implosion de l'Union soviétique en 1989 les deux camps disposaient de près de 40 000 têtes nucléaires, d'une puissance voisine, pour *chaque* bombe, de près de sept fois celle qui anéantit Hiroshima, il n'y a rien d'étonnant à ce que le soupir de soulagement qui accompagna la fin de l'affrontement entre les deux blocs s'accompagnât aussi d'un doute sur la capacité de la classe politique à gérer l'énorme puissance que le développement de la science remet entre ses mains.

La puissance nucléaire accumulée permettrait en effet sans mal de vitrifier la quasi-totalité de la surface habitée du globe. On sait aujourd'hui que, parmi les cibles assignées aux têtes nucléaires américaines, il y avait la maison de campagne de la maîtresse du chef adjoint d'un important organisme militaire du camp adverse. C'est sans doute la plus belle démonstration de l'impuissance qui frappa la classe politique face à certains lobbies militaro-industriels dont la menace avait été dénoncée avec sagacité par le général Eisenhower.

Il est réconfortant, mais non totalement rassurant, que les conversations amicales entre les États-Unis et la Russie visent à réduire l'arsenal à une modeste dizaine de milliers de têtes nucléaires. C'est un sujet de préoccupation qui devrait mobiliser les partisans et les adversaires de l'énergie nucléaire pacifique ou même militaire. Et la solution est infiniment plus facile à trouver que celle de la fourniture d'énergie aux neuf milliards d'humains qui pointent à l'horizon de la moitié de ce XXIe siècle, avec leur appétit de vivre comme nous, de disposer d'une bonne nourriture, de villes éclairées, de voitures particulières et de « rave-parties ». Cela conduirait à une augmentation notable de l'énergie consommée et nous force à examiner, sans démagogie, les ressources que nous laissons à nos enfants. Le choix n'est pas très grand. Il faut prendre des décisions dont l'impact sera important dans un demi-siècle ou dix siècles ou cent siècles. Et il serait irresponsable que les décisions cruciales dépendent d'échéances électorales immédiates et de la déferlante de démagogie qu'elles impliquent.

Toutes les formes d'énergie ont des limitations ou présentent des dangers qui leur sont propres et qu'il faut évaluer. Il est indispensable que nous ayons conscience de l'irradiation naturelle que nous subissons pour juger de façon pertinente les risques liés à l'utilisation de l'énergie nucléaire.

LES RADIATIONS ET LE VIVANT
LES SOURCES FAIBLES D'IRRADIATION[1]

De la mémoire des hommes s'atténue rapidement le souvenir des accidents soudains, quel que soit le nombre de victimes, lorsqu'ils ne sont pas directement touchés. Mais la menace quotidienne d'un accident dont les effets, très petits, se font sentir pendant de longues années sur une grande partie de la population du globe paraît intolérable et peut donner lieu à des vagues de réactions passionnelles.

Après l'accident de Tchernobyl, qui a disséminé une quantité massive de corps radioactifs sur de grandes surfaces du globe, des millions de gens se sont sentis menacés. Il est possible que quelques dizaines de milliers d'entre eux aient contracté, ou contracteront, un cancer en conséquence de

1. Ce passage est extrait, pour partie, de Georges Charpak et Richard L. Garwin, *Feux follets et champignons nucléaires*, Paris, Odile Jacob, 1997, p. 142-147

l'accident. Cet accident a propagé la crainte d'un empoisonnement radioactif quasi irréversible de la planète pour les milliers d'années à venir, bien que, dans ce cas précis, la contamination globale à long terme représente seulement 3 % de celle due aux tests d'armes nucléaires dans l'atmosphère qui ont pris fin pour la plupart en 1963. La proportion d'iode-131 libérée par Tchernobyl a été de 0,1 % de celle des tests nucléaires mais elle a été de 8 % pour le césium-137 qui contribue à une pollution persistante dans l'environnement.

Les débats sur les nuisances spécifiques de l'industrie nucléaire doivent partir d'une estimation sérieuse de l'effet des radiations émises par les corps radioactifs à vie longue. Ils devront être gérés ou traités, enfouis et mis hors d'état d'émerger à la surface du globe pendant des milliers ou même des millions d'années. Il semble logique de considérer le rayonnement ionisant naturel pour voir s'il est raisonnable d'imposer des limites inférieures à ses variations sur l'ensemble de la planète. Il faut aussi tenir compte des nuisances des sources d'énergie alternatives qui présentent parfois des dangers considérables sur lesquels les « nucléophobes » viscéraux ferment pudiquement les yeux.

Depuis que la vie est apparue sur la planète, elle baigne dans un flux de radiations. Ces dernières proviennent des rayons cosmiques ou des radioéléments contenus dans les roches. Elles se sont enrichies des apports de la radiologie médicale et de certaines activités industrielles ou militaires.

Des particules de très haute énergie arrivent sur la Terre. Elles produisent, dans les hautes couches de l'atmosphère, des réactions nucléaires qui donnent naissance à une très grande variété de particules, dont la plus grande partie, hormis les muons et les neutrinos, est absorbée par l'air avant d'arriver au niveau de la mer. Les neutrinos, qui sont des particules de masse nulle et sans charge électrique, peuvent traverser la

Terre avec moins d'une chance sur un milliard d'interagir[1]. En revanche, les muons sont chargés et interagissent avec la matière, en particulier avec notre corps : celui-ci est traversé par cinq muons en moyenne chaque seconde. Un muon perd dans nos tissus environ cent fois plus d'énergie que l'électron d'un corps radioactif ingéré.

À haute altitude, les rayonnements sont beaucoup plus intenses qu'au niveau de la mer. À l'altitude des hautes montagnes, il y a des électrons, des rayons gamma, c'est-à-dire des rayons X énergétiques, et des muons, et, à l'altitude où vole le Concorde, il y a, en outre, des protons, des neutrons et des pions.

On voit sur la figure que, lorsqu'un proton de très haute énergie pénètre dans l'atmosphère, il produit une cascade de particules aux noms ésotériques, affublés de lettres grecques comme μ, ν, γ, en plus des particules familières comme les électrons et les neutrons. L'alphabet grec a depuis longtemps été épuisé en raison de la diversité des particules produites et on a dû commencer à puiser dans l'alphabet hébreu !

Les neutrons libérés dans l'atmosphère par les réactions nucléaires produisent à leur tour, par interaction avec l'azote de l'air, du carbone-14, un isotope radioactif du carbone-12 stable, dont la vie moyenne est de quelques milliers d'années et que nous inhalons comme tous les organismes vivants, animaux et plantes. Dans 10 % des cas, ces réactions produisent aussi du tritium également radioactif. Le carbone-14 est communément utilisé pour dater tous les corps contenant du carbone (corps organiques et végétaux, ossements et charbon de bois, par exemple) en mesurant le rapport carbone-14/carbone-12 qui

1. Toutefois, en 1987, des physiciens, qui avaient construit de gigantesques détecteurs dans des cavernes, ont détecté une bouffée de neutrinos parce qu'une étoile, une supernova, s'était éteinte en explosant à 150 000 années-lumière de la Terre et avait alors émis un nombre gigantesque de neutrinos.

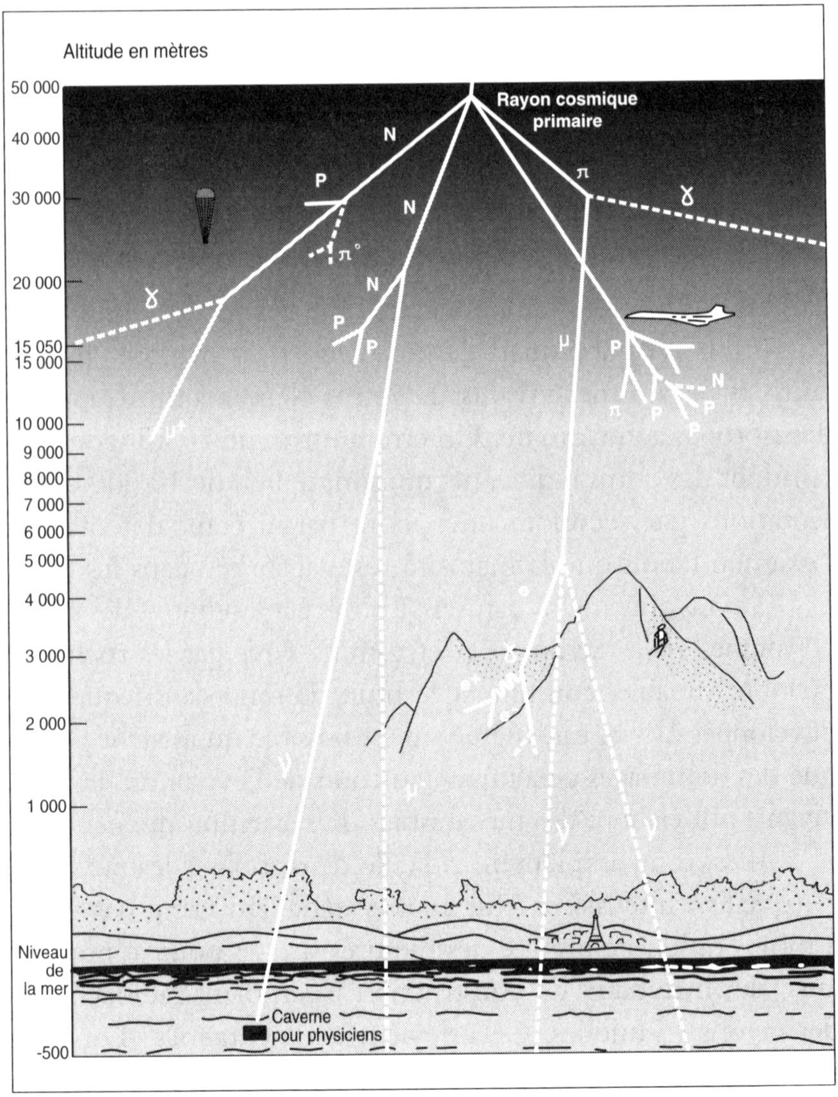

AGRAPH

permet de calculer l'année où le premier a été inhalé, sous forme de gaz carbonique, par un végétal ou un animal. Sa concentration a ensuite décrû par désintégration radioactive lorsque l'échange avec l'atmosphère a cessé.

Les rayonnements naturels sont émis par les éléments radioactifs des roches et des tissus vivants. Le potassium-40, un isotope radioactif du potassium stable, en proportion de 1/10 000, a une vie moyenne de 1,3 milliard d'années ; il est donc encore présent, tout comme l'uranium-235 qui, comme lui, a été produit dès l'origine de la Terre. Il se trouvait dans la poussière des étoiles mortes dont l'agglomération a donné naissance à notre système solaire. En raison de l'affinité du potassium avec la plupart de nos tissus, il est toujours présent dans les organismes vivants. D'autres éléments minéraux ont des isotopes à vie longue. Un être humain de 70 kilogrammes contient des corps radioactifs qui sont le lieu de 10 000 désintégrations par seconde, une petite partie étant détectable à l'examen tandis que la majorité reste absorbée dans les tissus.

Les rayonnements naturels, formés par les muons des rayons cosmiques et les rayons bêta et gamma émis par les roches en quantité variable, constituent le bruit de fond dans lequel s'est développée la vie, car, même s'il est possible qu'ils aient provoqué des dommages génétiques, au cours de l'évolution, les tissus vivants ont élaboré des mécanismes de réparation des gènes.

Il est tout simplement ridicule de diaboliser les radiations lorsque leur intensité se situe au niveau des radiations naturelles, à moins qu'on ne prenne des mesures strictes pour se protéger aussi des matériaux de construction légèrement radioactifs ou des rayons cosmiques. Cela devient de la paranoïa ! Du point de vue de la société, il est toujours avantageux de réduire le taux de radiation si le coût en est inférieur au bénéfice attendu. Or nous ne connaissons aujourd'hui ni l'un ni l'autre.

Nous avons rencontré un professeur de physique suisse qui, mû par une passion antinucléaire habillée d'écologie, reprochait au CERN d'affirmer que son activité ne contribuait qu'à des doses faibles de radiations, très inférieures au bruit de fond naturel, donc sans danger. Ce professeur affirmait qu'à fortes doses l'organisme mobilisait des défenses contre les radiations, tandis qu'aux très faibles doses l'attaque était plus sournoise donc plus redoutable. Si nous le suivions, ce que nous ne ferons pas, nous pourrions dire que, grâce au rayonnement naturel omniprésent, nous sommes toujours au-dessus du seuil fatidique de l'irradiation nulle et que l'irradiation par une faible fraction du rayonnement naturel n'a aucune importance, sauf si l'idéologie antinucléaire de l'irradié conduit à une amplification énorme de l'effet, ce qui serait le cas pour ce professeur.

La variation de l'irradiation naturelle, suivant la géographie ou l'altitude, suffit à interdire de prendre au sérieux ces élucubrations, mais l'estimation de l'effet des faibles doses sur l'organisme humain a une importance sociale, et les prédictions controversées qui en sont faites donnent lieu à des polémiques. Il est donc utile de comprendre l'importance relative de toutes les sources de radiations et de leurs effets sur la santé.

Les instruments de physique sont très sensibles aux radiations. Les physiciens peuvent sans difficulté détecter le passage d'un *seul* électron rapide émis par un atome radioactif. Ce qui nous intéresse ici, c'est la sensibilité du corps humain : celui-ci est constitué par près de 10^{28} atomes[1], partagés entre quelque 10^{14} cellules, et un électron rapide perturbe au plus 10^{5} atomes dans une cellule qui en contient donc 10^{14}. Nous devons tenir compte du fait qu'au cours de la vie, dans chaque cellule, s'accumulent des millions de lésions spontanées, qui sont constamment réparées, tant bien que mal, par les mécanismes merveilleux et complexes dont sont dotés les tissus vivants. C'est une affaire délicate et très loin d'être éclaircie que l'effet de ces microlésions occasionnées par les rayonnements.

1. Soit le chiffre énorme de 1 suivi de 28 zéros.

Quelques unités de mesure des radiations

1 Bq : le becquerel est l'activité d'une source radioactive qui se désintègre une fois par seconde.
1 Ci : le curie est l'activité d'une source radioactive qui se désintègre $3{,}72 \times 10^{10}$ fois par seconde. C'est l'activité radioactive de 1 gramme de radium.

L'effet physique de l'irradiation produite par les rayonnements ionisants se mesure par la quantité d'énergie déposée dans un kilogramme de matière vivante.
1 Sv : le sievert correspond à 1 joule par kilogramme. Avec 1 joule, on élève la température de 1 gramme d'eau de 0,24 °C ; 1 mSv = un millième de sievert.

L'effet biologique de l'irradiation est relié à l'effet physique par le coefficient d'efficacité biologique Q. L'unité ancienne d'irradiation était le roentgen, dose physique reçue à 1 mètre d'une source de 1 curie de radium en une heure.
La dose biologique (le rem, *roentgen equivalent man*) était reliée au rad par :

1 rem = 1 rad × Q
1 Gy = 1 gray = 100 rad
1 Sv = 1 Gy × Q
1 rad = 10 mSv

On appelle « débit de dose » la dose par unité de temps.

La plupart des particules de la création réagissant avec les atomes du corps humain arrachent des électrons aux cortèges atomiques, d'où leur nom de « rayonnement ionisant » : elles ont toutes à peu près le même effet sur les molécules vivantes. Des différences existent dans leur capacité à détruire les cellules vivantes lorsque les radiations sont constituées de particules lourdes et lentes, comme les particules alpha qui sont des noyaux d'hélium, ou de particules légères et rapides, comme les électrons et les rayons gamma. Les biologistes affectent d'un coefficient d'efficacité biologique Q les radiations que l'on utilise en radiologie et radiothérapie. Par exemple, si une valeur 1 correspond aux rayons X, aux rayons gamma et aux électrons rapides, elle sera 10 pour les protons ou les neutrons rapides, et 20 pour les particules alpha.

DOSE ANNUELLE DUE AUX RADIATIONS INTERNES (DARI)

À la suite de discussions ayant suivi un travail en commun[1], les deux physiciens Georges Charpak et Richard L. Garwin ont proposé aux organismes spécialisés d'introduire une nouvelle unité de mesure de l'effet des radiations, le Dari, compréhensible par tous ceux qui acceptent de réfléchir sur le sujet afin de les mettre à l'abri de toute démagogie.

Ce qui fait la puissance de l'utilisation des corps radioactifs dans la recherche scientifique — la grande sensibilité de leur détection — est retenu désormais comme une tare dangereuse. On peut mesurer avec un détecteur un seul atome qui se désintègre (1 becquerel), mais des milliards d'atomes sont nécessaires, en général, pour doser les corps non radioactifs. Alors on dénonce les contaminations radioactives mesurées en becquerels en faisant semblant d'ignorer les 10 000 becquerels qui habitent notre corps en permanence et en masquant l'effet de ces contaminations comparé au nombre infini d'agressions de notre corps, permanentes ou occasionnées par l'activité humaine.

1. G. Charpak, R.L. Garwin, *Feux follets et champignons nucléaires*, Paris, Odile Jacob, 1997.

Puisque le corps humain subit naturellement l'effet des radiations émises par les corps radioactifs, le K^{40} et le C^{14} qui y séjournent en permanence, il est suggéré de prendre comme unité de référence l'effet de ces radiations naturelles qui ont une intensité voisine de 10 000 becquerels.

IMPORTANCE RELATIVE DE QUELQUES SOURCES D'IRRADIATION RÉPANDUES	
0,1 dari	Dose reçue en France du fait de l'énergie nucléaire
5 daris	Le sol en Île-de-France
10 daris	Le sol en Bretagne
5 daris	Rayonnement cosmique au niveau de la mer. Accroissement de 1 dari pour 50 mètres de variation d'altitude
6 daris	Limite tolérée pour les effets sur le public de l'industrie nucléaire et l'ensemble des sources industrielles de rayonnements ionisants
1 à 40 daris	Moyenne en France de la radiologie médicale. Elle est très variable entre un examen pulmonaire et le scan d'un corps entier
500 daris	Dose annuelle maximum, pendant cinq années consécutives, pour un travailleur de l'industrie nucléaire

La dose de 500 daris imposée aux travailleurs de l'industrie nucléaire correspond à une estimation de réduction de l'espérance de vie égale à celle produite par la consommation de dix cigarettes par mois. Elle doit se comparer aux risques spécifiques associés à des occupations professionnelles variées. Par exemple, la conduite d'un véhicule automobile produit, en raison du caractère cancérigène des fumées d'échappement, un risque potentiel plus grand.

Des polémiques ont été récemment engendrées par des irradiations accidentelles dont l'impact est inférieur au dixième de dari. Le tableau ci-dessus[1] illustre à quel point est exploitée la crédulité du public par des groupes comme la CRIRAD ou Greenpeace lorsqu'ils sonnent l'alarme pour des contaminations dont l'effet peut être considéré comme inexistant à l'échelle d'une vie humaine.

Un problème important et réel pour l'énergie nucléaire est la gestion des déchets radioactifs des combustibles usés. Certains éléments ont des vies moyennes très longues, s'étendant sur des centaines de milliers d'années. Leur neutralisation est envisagée par différentes voies, par exemple l'enfouissement profond dans des puits situés dans des zones désertiques. Il existe en Chine et au Mexique des déserts où il n'a pas plu depuis 2 millions d'années. L'enfouissement des déchets nucléaires mondiaux dans des puits constituerait un revenu considérable pour ces pays. Le conditionnement des déchets par fusion dans du verre, puis leur confinement dans des containers métalliques épais sont à l'étude. Certains veulent les enfouir près de la surface de façon à pouvoir les récupérer pour les détruire par des méthodes de transmutation nucléaire. D'autres veulent les enterrer dans des galeries profondes dans leurs containers prévus pour résister à quelques milliers d'années d'irradiation. C'est l'objet des études entreprises par le gouvernement français qui doivent lui permettre, en 2006, de prendre une décision fondée sur des expériences.

Une norme est imposée aux ingénieurs : la dose de radiations externes ne doit pas excéder 2 % de celle due à la radioactivité naturelle, sachant que la variation naturelle en France atteint 250 %. Elle est donc acceptable.

1. Extrait d'une communication faite à l'Académie de médecine par Georges Charpak et Richard L. Garwin le 19 juin 2001, *Bulletin de l'Académie nationale de médecine*, 185, n° 6, 1087-1096.

D'autres exigent *a priori* qu'il n'y ait aucune radiation externe et préconisent donc l'arrêt définitif de l'exploitation de l'énergie nucléaire. Si l'on prend en compte la radioactivité naturelle qui correspond pour l'ensemble du globe à des activités colossales, c'est une position que l'on peut qualifier de psychorigide. Rien que dans la mer, il y a naturellement une quantité suffisante d'uranium pour que certains songent à son extraction afin de pourvoir à l'alimentation des centrales nucléaires pendant des millions d'années. Et cet uranium ne présente aucun danger. Vous pouvez sans crainte continuer à vous baigner en vous méfiant toutefois des cancers de la peau qui peuvent être occasionnés par le soleil que personne ne songe à débrancher !

Il nous faut donc prendre en compte les dangers réels qui existent, ils se suffisent à eux-mêmes. Certains ont surgi par surprise. Par exemple, les événements du 11 septembre 2001 à New York révèlent le danger de certaines formes de terrorisme. Il faut y faire face et le déploiement des missiles aériens au voisinage de tous les sites dangereux, nucléaires ou non, est une utilisation plus pertinente de ce matériel que de le laisser périr d'une vieillesse heureuse dans les casernes. La prise en considération de la vulnérabilité de beaucoup de centres industriels, comme les usines chimiques, est aussi indispensable. Souvenons-nous que la catastrophe de l'usine de l'Union Carbide en Inde a coûté la vie à six mille personnes, instantanément. Et cela nous conduit à la démarche inéluctable, pour les hommes responsables qui ont à décider des sources d'énergie, de prendre en compte et comparer toutes les ressources qui s'offrent à l'humanité, sans céder à la démagogie des groupes les plus bruyants ou les plus richement dotés.

La misère qu'engendrerait une population excessive par rapport aux ressources de la planète serait génératrice de beaucoup plus de dégâts que ceux produits par un accident, nucléaire ou non. Elle créerait des populations désespérées, n'ayant rien à perdre, sans avenir, terreau idéal d'un terrorisme qui bénéficierait par ailleurs du progrès inéluctable de la science et des techniques. Celles-ci permettent, en particulier, la production à bas prix, d'armes de destruction massive des populations, comme les armes bactériologiques. Il n'y a qu'un seul vaccin contre ces perspectives : la solidarité à l'égard de ceux qui n'ont pas eu le privilège de naître du bon côté d'une frontière qui borne un pays prospère aux institutions stables et donne à tous ses habitants l'illusion que leur avenir est assuré s'ils se conduisent comme de bons consommateurs. Car c'est un pur hasard si le postier suisse jouit d'un niveau de vie incomparablement plus élevé que son homologue italien et *a fortiori* indien, puisque ni les uns ni les autres ne sont pour grand-chose dans ce qui fait la différence entre leurs pays.

Cette solidarité va de pair avec une aide au développement qui ne résoudra rien par le miracle des seules lois du marché mais aura peut-être un effet avec un énorme investissement dans l'éducation, seul antidote à la prise en main par des intégristes religieux ou politiques transmettant leurs transes à des foules assommées par la misère et abruties par l'ignorance.

Une drôle de thèse

Madame le docteur en sociologie[1] Elizabeth Tessier a conquis son titre en Sorbonne en vantant les vertus de l'astrologie. Cela fit quelque bruit car elle démontrait ainsi comment,

1. Une analyse détaillée de la thèse de doctorat d'Elizabeth Teissier se trouve sur le serveur de l'université de Nice-Sophia Antipolis à l'adresse suivante : www.unice.fr/zetetique/articles/articles.html

sous couvert d'une louable ouverture d'esprit, des professeurs d'université pouvaient faire déferler, dans une prestigieuse université parisienne, une vague d'obscurantisme. Il est certes légitime que dans une république laïque et démocratique puissent fleurir les cent fleurs de la créativité humaine. Personne ne s'offusquera de l'enseignement et des méditations des facultés de théologie. Mais peut-être manquons-nous de facultés de sorcellerie, sciences occultes, astrologie et autres activités dans lesquelles s'épanouissent les talents de dizaines de milliers de professionnels qui prodiguent conseils, soins et consolations à des millions de Français. On pourrait ainsi les gratifier de titres de docteur et même, pour les plus talentueux, de celui de grands chanceliers du mamamouchi ! Mais il faut éviter de les faire pénétrer à l'université autrement que comme sujets d'étude de psychologie, de sociologie ou de psychiatrie.

Le statut de la fonction publique permet-il de noter ou de sanctionner les éminents membres du jury qui se sont prêtés à la farce ? Nous conseillons aux étudiants qui veulent entreprendre une thèse de sociologie de ne pas choisir comme directeurs ou examinateurs ceux qui ont composé le jury de Madame le docteur en sociologie Elizabeth Teissier. Leur nom sur la page de couverture pourrait faire sourire du contenu même de la thèse. À moins évidemment qu'ils fassent acte de repentance. Et avec eux l'université : peut-on dans certains cas invalider une thèse ? Nous suggérons sérieusement de proposer le sujet de thèse suivant : « Analyser les facteurs psychiques et sociaux qui peuvent conduire des professeurs d'université éminents à donner le statut de science, méritant une tribune sinon une chaire universitaire, à des superstitions primitives. »

Heureusement que des revues satiriques montrent que la voie n'est pas totalement libre pour la supercherie. Ainsi

Le Canard enchaîné du 11 avril 2001 publiait sous le titre « Elizabeth Teissier : une diseuse de Sorbonne aventure » ces lignes de Frédéric Pagès :

> *L'astrologue chic et multicarte a appâté un gros client : un jury de la Sorbonne. Qui lui a décerné le titre de « Docteur ». Victime de quel ascendant ?*
> *[...] Deux heures et demie d'âneries sur l'astrologie et une seule information à se mettre sous la dent : Elizabeth Teissier s'appelle Germaine Hanselmann...*
> *L'essentiel, c'est que Germaine, désormais « docteur », pourra proclamer que l'astrologie est validée, certifiée, officialisée par la vieille Sorbonne. Lundi, dès l'ouverture des cours, on imagine ces respectables membres du jury faisant la leçon à leurs étudiants au nom de la « rigueur intellectuelle ».*

De même, dans *Charlie hebdo* du 11 avril 2001 sous la plume de Gérard Biard, un article intitulé « Madame Irma à la Sorbonne[1] ».

> *Au début du prêche, on se dit qu'elle est entrée dans la maison de Mercure et a fumé la moquette. Mais on se rend vite compte que tout cela est beaucoup moins farfelu qu'il n'y paraît. [...]*
> *[...] quand la grande rouquine se tait enfin, on espère que le jury va se lever et lui balancer son paveton de 900 pages à travers le lifting en lui expliquant qu'ici on est à la Sorbonne, et pas chez Dechavanne. Eh bien, non ! Au contraire [...].*
> *Pendant deux heures et demie, dans l'enceinte de la fac la plus prestigieuse de France, on a parlé marc de café et boule de cristal en faisant semblant de croire qu'il s'agissait de sociologie. Le plus scandaleux, ce n'est pas qu'une astrologue ait manœuvré pour*

1. *Cf. Science et pseudo-sciences* (AFIS) n° 246, avril 2001, p. 2-12.

infiltrer l'Université, c'est que quatre professeurs l'aient admise sans sourciller comme l'une des leurs.

Nous suggérons aux deux journalistes de présenter à la Sorbonne, en choisissant le même jury, une thèse de sciences sociales. À tout prendre, nous préférons une Université impertinente à une Université rétrograde.

Chapitre 5

DROIT AU RÊVE ET À LA LUCIDITÉ

Une réaction épidermique

Quand on découvre que, avant la Seconde Guerre mondiale, un professeur du lycée français de Casablanca, féru de radiesthésie, prétendait corriger ses copies de baccalauréat en suivant les indications de son pendule, on s'interroge. Puis l'on pousse un soupir de soulagement en apprenant que l'administration prit les dispositions pour l'empêcher de continuer à appliquer ses dons dans le système éducatif. Et l'on se dit que c'était il y a bien longtemps !

Quand on lit ce gros titre d'un article de journal relatant un fait divers : « Licenciée pour incompatibilité zodiacale ! », on s'interroge à nouveau. Et cela s'est passé en France en 1984. Peut-être y a-t-il eu une suite judiciaire mais rien n'est moins sûr.

Quand on apprend, fin 1991, par un autre article de quotidien, qu'une classe de terminale d'une grande ville a fait « la démonstration de son esprit d'initiative et du rôle grandissant des sciences parallèles dans le recrutement en entreprises » en organisant une réunion pour étaler les mérites de « sophrologues, numérologues, astrologues, morphopsychologues », on en reste abasourdi. Et quand on apprend que « le cocktail de clôture placé sous la présidence effective du recteur, aux côtés du proviseur du lycée, rassemblait beaucoup de personnalités », on n'en croit pas ses yeux.

Alors, quand plus d'une dizaine d'enseignants ont fait parvenir ce dernier article à l'un d'entre nous pour lui faire part de leur stupéfaction, celui-ci a pensé qu'il était de son devoir de se faire le traducteur de leur incrédulité. Il a donc écrit au recteur en question pour lui signaler que l'on ne pouvait que « regretter que, à l'heure où l'on parle de vouloir développer les actions de culture scientifique, des responsables de l'Éducation nationale prêtent leur concours à ce qu'Albert Jacquard nomme fort justement des entreprises de crétinisation de notre culture » et qu'en lisant de tels articles il avait « honte du comportement de personnes qui sont censées avoir avec (lui) des objectifs pédagogiques communs ».

Cette réaction épidermique amena une réponse — involontairement humoristique — de la directrice de cabinet du recteur déclarant que le quotidien avait « publié par erreur que le cocktail de clôture avait été placé sous la présidence effective du recteur ». On regrettera que les centaines de milliers de lecteurs du quotidien n'en aient point été, eux aussi, informés.

Mais le sel de cette réponse est bien plutôt le passage suivant : « Je vous signale que les chefs d'établissement, dans le cadre de leur autonomie, sont libres d'organiser quelque manifestation, rencontre ou colloque que ce soit, qui paraissent intéressants pour la vie de leur établissement. » Or cela n'est vrai que sous réserve expresse que cette rencontre ne fasse point la présentation, la publicité ou l'éloge d'activités illicites, c'est-à-dire tombant sous le coup de la loi, ce qui était le cas de la manifestation « éducative » en question !

L'attention du recteur a bien sûr été attirée sur ce détail par un courrier explicite qui déclarait que les objectifs pédagogiques que nous avions l'honneur de partager avec de nombreux collègues — mais manifestement pas avec tous — n'étaient pas de voir un jour l'astrologie, la numérologie ou toute autre pseudo-science enseignée dans nos collèges, lycées ou universités.

Ce que cette anecdote authentique révèle au grand jour, c'est le peu de connaissances ou d'informations dont disposent certains enseignants nantis d'autorité, heureusement rares, dans notre système éducatif.

De l'artisanat à la multinationale

C'est qu'en effet un problème se pose. À tous les échelons, la société est gangrenée par l'obscurantisme et les conséquences peuvent en être graves.

L'occulte est passé en peu d'années d'un niveau simplement artisanal et local à un stade commercial et international. D'où les excès et les dérives que l'on constate et auxquels il faut impérativement mettre un terme car, à partir d'une certaine intensité dans la passion du surnaturel, la nocivité des dommages pourrait aller *crescendo*.

Comme on l'a déjà souligné, on n'entraîne pas impunément une nation à accepter les erreurs les plus grossières, les idées les plus fausses, les raisonnements les moins justifiables sans « l'atteindre gravement dans sa formation intellectuelle », sans la faire « douter de la science et de toutes les valeurs de raison ». Notre époque est malheureusement exemplaire en ce sens par la caisse de résonance que les médias offrent aux pseudo-sciences.

On peut remarquer aussi que le renouveau des pratiques magiques, occultes ou paranormales a été curieusement rapide. Si rapide même que l'on est en droit de se poser cette question : quels sont les concours qui ont créé ce besoin et en ont favorisé, peut-être inconsciemment, l'extension ? L'importance des moyens mis en œuvre traduit tout simplement l'importance des enjeux financiers de cette évolution. Le problème est peut-être encore même plus grave. Le généticien Albert Jacquard l'a déjà explicité clairement : « Transformer les citoyens en moutons soumis est le rêve de bien des pouvoirs. Pour y parvenir les moyens sont nombreux ; les intoxiquer de parasciences peut être fort efficace. »

Comment comprendre autrement qu'une chaîne de télévision publique vouée à la culture, qui se distingue d'ailleurs par l'excellence de certains de ses programmes, ait consacré sa première émission, oui, sa toute première émission sur le réseau hertzien, celle qui est censée donner le ton, sous le label explicite « Sciences et Techniques », à des modèles réduits de la pyramide de Khéops concentrateurs d'ondes de forme (!) permettant de momifier la viande (!!) et d'aiguiser — car, nous citons textuellement, « les métaux subissent des mutations à l'intérieur de la pyramide » — les lames de rasoir usagées (!!!). Le tout asséné par des pseudo-savants en blouse blanche. Incroyable, mais vrai ! Il s'agit pourtant bien de la chaîne Arte, lors de son inauguration le 28 septembre 1992 à 19 h 10.

On aurait pu supposer que les très vives réactions à cette curieuse entrée en matière aient un peu assagi les responsables de la programmation de cette chaîne, mais rien n'est moins sûr au vu d'exemples plus récents. Ainsi, le 8 juin 2001, Arte nous offre une très longue émission sur le paranormal avec quasiment aucune approche critique ou sceptique, mais une débauche d'affirmations sur la chasse aux fantômes et autres poltergeists.

Le 17 septembre 2001, l'émission « Archimède », le « Magazine scientifique et technique », pourtant d'habitude autrement plus sérieuse, nous plonge au cœur de l'eau et, avec des (ou sous couvert d') images réellement magnifiques, nous présente de mystérieuses cristallisations microscopiques comme preuves de la théorie de la mémoire de l'eau et des délirantes dilutions infinitésimales ! Le tout, bien sûr, avec un principe d'autorité bien géré : un personnage central, de l'« Université de Stuttgart » et, de temps à autre, un microscope et une loupe binoculaire en premier plan. Il est vrai que la chaîne avait l'excuse de l'existence d'un ancien battage publicitaire considérable sur cette question de la mémoire de l'eau et qu'un nombre étonnant de gens cultivés a été berné.

Voilà en tout cas qui nous montre comment même une chaîne excellente sur le plan culturel peut être gangrenée par l'infection obscurantiste.

Rationalité et construction des croyances...

Si la rationalité a une place évidente et *a priori* éminente dans l'évaluation de nos croyances et dans leur déconstruction, en a-t-elle une dans la *construction* de nos croyances ?

Bien que, aussi surprenant que cela puisse paraître dans notre société scientifique et technique avancée, le niveau de croyance dans les superstitions soit *directement* (et non inversement) lié au niveau scolaire, comme nous le verrons plus loin, ce n'est *pas* le niveau scolaire qui définit les croyances de quelqu'un. Mais, pour un même phénomène « paranormal » en ce qui concerne le *fond*, le niveau scolaire oriente le choix vers des *formes* plus compatibles avec ce niveau, plus rationnelles.

Par exemple, dans le cas de la radiesthésie, le pendule, symbole de cette parascience, pourra servir à faire de la divination, de la voyance sur des cartes à jouer ou tout autre support, tandis que, pour une personne dont le niveau d'études sera plus élevé, ce même pendule servira plutôt à la détection des sources telluriques de la « géobiologie », des variations magnétiques de la « sourcellerie » qui fut, chose surprenante, défendue par un physicien de talent.

La montée de l'occulte

Au pays de Voltaire et de Condorcet, du scepticisme et des Lumières, les croyances fleurissent. Rappelons quelques données.

Enquête parmi les étudiants de premier cycle sciences.
Université de Nice. Deug A1, B1 et A2. 1982-1983

Psychokinèse / Relativité	*"Torsion de cuillères par le pouvoir de l'esprit"* %	*"Dilatation relativiste du temps"*
Prouvée scientifiquement, un acquis scientifique ?................................	**68**	18
Reconnue comme acceptable, plausible ?.....	14	18
Peu probable ?..	15	7
Pure spéculation théorique ?..........................	0	**52**
Infirmée complètement ?.............................	3	5

H. Broch

Ce tableau résume une enquête ponctuelle menée il y a une vingtaine d'années par l'un d'entre nous sur le crédit respectif qu'accordaient des étudiants de premier cycle scientifique à la psychokinèse et à la relativité.

La psychokinèse ou télékinésie, c'est-à-dire le déplacement d'objets à distance sans contact, par le seul pouvoir de l'esprit sur la matière, était représentée par la torsion des métaux grâce au seul pouvoir de l'esprit, très à la mode à cette époque-là avec Uri Geller et ses cuillères tordues et les nombreux articles et émissions qui lui étaient consacrés. La psychokinèse recueillait les faveurs de près de sept étudiants sur dix qui la considéraient comme prouvée scientifiquement. Tandis qu'un étudiant sur deux estimait que la dilatation relativiste du temps, représentative de la relativité, était une pure spéculation théorique !

Des enquêtes d'envergure nationale ont confirmé ces tristes constatations que l'on aurait pu supposer isolées, dues à un contexte local ou une formulation ambiguë des questions posées. Les trois graphes qui suivent, fondés sur les travaux publiés en 1986 par deux sociologues[1], concernent la population française et nous font découvrir que ces croyances sont en pleine expansion.

Le premier graphe nous montre que, alors que les jeunes ont reçu et reçoivent une éducation scolaire plus complète notamment sur le plan scientifique, le niveau de croyance *baisse* avec l'âge de manière quasi continue (les deux lignes en pointillés représentent les valeurs moyennes de croyance de la population française : 48 % pour le paranormal et 44 % pour l'astrologie).

1. Daniel Boy, Guy Michelat, « Croyances aux parasciences ; dimensions sociales et culturelles », *Revue Française de Sociologie*, XXVII, avril-juin 1986, p. 175-204.

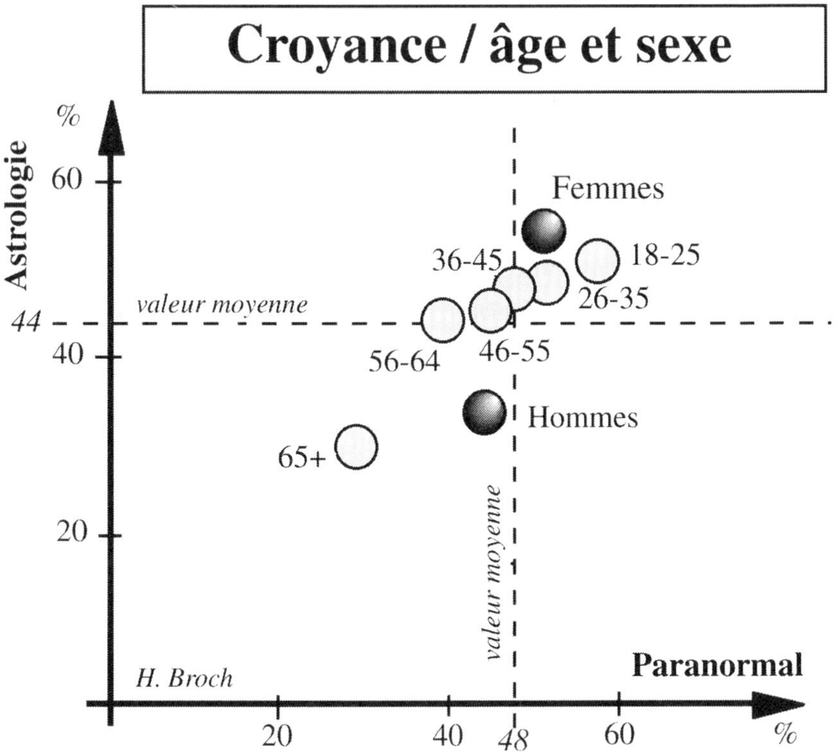

Et, deuxième constat, mais chose avérée depuis longtemps : la disparité homme/femme est très clairement confirmée en ce qui concerne l'astrologie.

Le deuxième graphe montre que, contrairement à ce qu'on pouvait supposer *a priori*, le degré de croyance au paranormal est *directement* proportionnel au niveau des études effectuées, avec une petite exception pour le supérieur scientifique dont le degré de croyance au paranormal reste toutefois *supérieur* à la moyenne !

En ce qui concerne le niveau de croyance en fonction des catégories socioprofessionnelles (troisième graphe), les résultats sont tout aussi surprenants et les enquêteurs notaient même que « les instituteurs sont un groupe pivot puisqu'ils se définissent

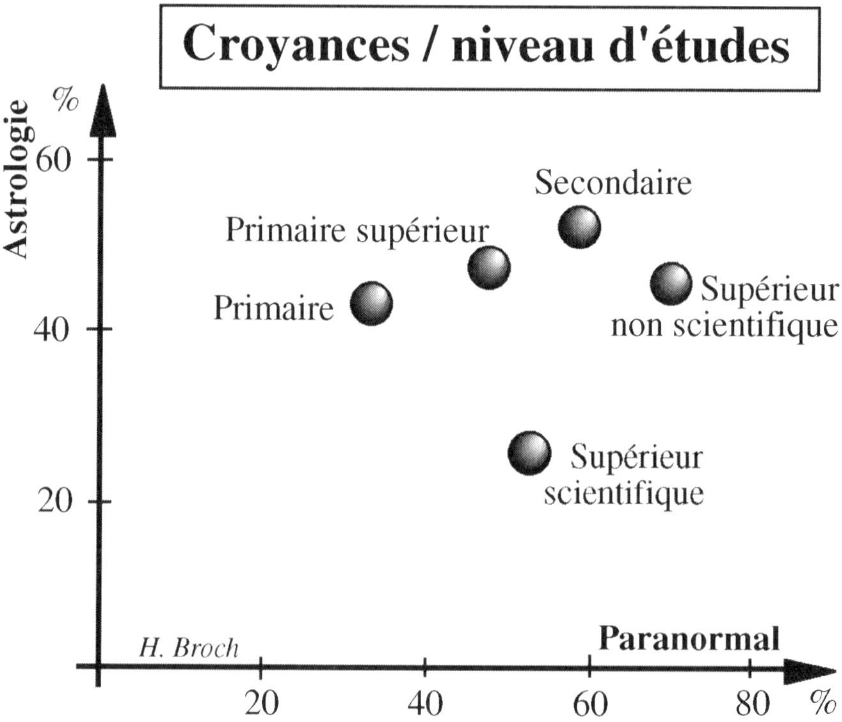

comme le groupe qui croit le plus fréquemment à l'astrologie et au paranormal ». Les professeurs, bien qu'ayant un niveau de croyance en l'astrologie « faible » (près de 30 % tout de même !), ont un niveau de croyance au paranormal *supérieur* à la moyenne. Conclusion affligeante : le milieu éducatif et l'*ensemble* de ses acteurs — instituteurs, professeurs, étudiants — n'est pas protégé des superstitions. Chose intéressante, les agriculteurs ont beaucoup plus les pieds sur terre, de façon significative.

Les données présentées au colloque *La Pensée scientifique, les citoyens et les parasciences*, en 1993, montrent une aggravation de certaines constatations précédentes (*cf.* le tableau ci-dessous qui expose une partie de ces données). Plus d'un Français sur deux croit à la télépathie et un sur dix aux fantômes, et le milieu éducatif ne fait pas exception à la règle.

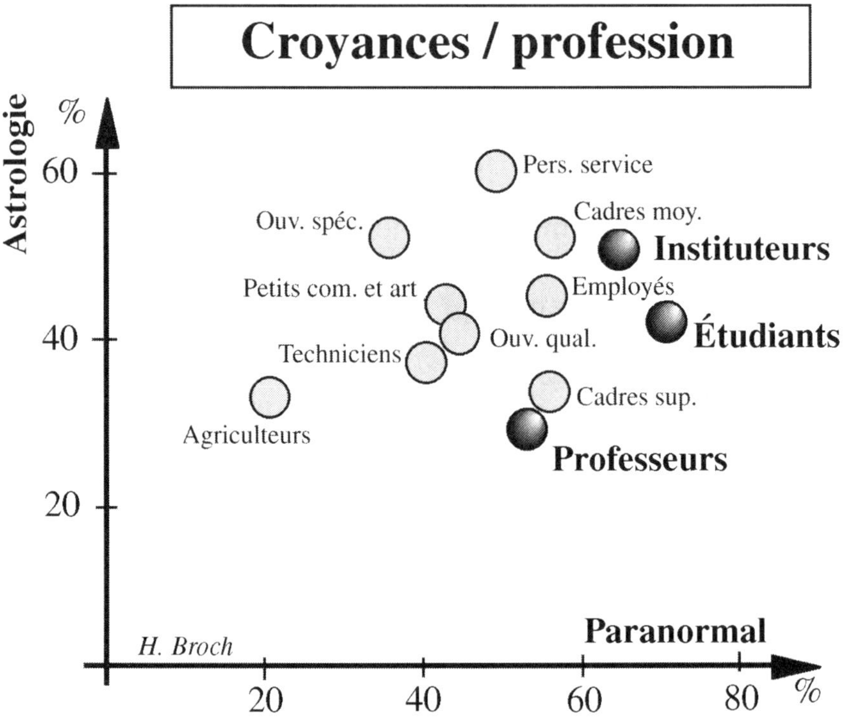

Les Français, la pensée scientifique et les parasciences

SOFRES. Cité des Sciences, *Le Monde*, Fondation EDF, 1993

Croyance ?	*Oui* (%)	*Non* (%)	*sans avis* (%)
Guérisons par magnétiseur, imposition des mains	**55**	40	5
Transmission de pensée	**55**	42	3
Explication des caractères par les signes astrologiques	**46**	49	5
Rêves qui prédisent l'avenir	**35**	62	3
Prédictions par les signes astrologiques, horoscopes ...	**29**	68	3
Prédictions des voyantes	**24**	72	4
Inscription de la destinée dans les lignes de la main ...	**23**	72	5
Envoûtements, sorcellerie	**19**	79	2
Passages sur Terre d'extraterrestres..............................	**18**	77	5
Tables tournantes..	**16**	81	3
Fantômes, revenants	**11**	87	2

H. Broch

On pourrait pousser un soupir de soulagement en apprenant par d'autres données que 81 % des Français pensent que « le développement de la science entraîne le progrès de l'humanité ». Mais l'enthousiasme est de courte durée lorsqu'on découvre que, simultanément, 58 % de ces mêmes Français pensent que « l'astrologie est une science ». Ce qui prouve que nos contemporains ne savent plus très bien ce qu'est une science.

Un exemple récent de cette aggravation nous a été fourni en février 2001 par un courrier électronique que nous avons reçu de M. Nicolas Hergott qui préparait l'agrégation de sciences physiques (option physique). Ayant découvert un article du *Bulletin de l'Union des physiciens* de 1999 sur les croyances obscures dans le monde enseignant, ce collègue a désiré apporter sa « modeste (mais scandaleuse) contribution aux statistiques ».

Lors d'un repas, il a demandé à huit de ses collègues de préparation à l'agrégation de physique s'ils croyaient à un quelconque phénomène paranormal. Les résultats l'ont tellement choqué qu'il s'est déclaré « prêt à consacrer sa carrière entière à combattre cette faiblesse d'esprit ». Sur ses huit collègues en préparation à l'agrégation de physique :

- un va voir régulièrement un magnétiseur, ce qui n'a surpris qu'un seul des autres ;
- trois croient à la télékinésie ;
- quatre pensent que certains phénomènes resteront toujours inexplicables et ne pensent pas pouvoir dissocier certains phénomènes de concepts comme l'« âme » ou « Dieu » ;
- tous sans exception croient à la possibilité de télépathie.

Il ajoutait qu'il est « impossible de discuter de la crédibilité de ces phénomènes sans vexer profondément les croyants en question ».

Cet exemple particulier et limité — mais significatif et *non* anecdotique — concernant de futurs enseignants de physique montre que le degré de crédulité atteint en ce début de millénaire a vraiment de quoi surprendre les non-initiés. Mais il a aussi de quoi les inquiéter. Car, pendant trois ans, jusqu'en 1994-1995, quatre classes de sixième d'un collège public de l'académie de Montpellier ont été formées, avec l'accord de l'équipe pédagogique, en répartissant les élèves selon des critères astrologiques ! Cette « astropédagogie » n'est malheureusement pas un épiphénomène.

Les graphiques que nous venons de montrer sont alarmants, mais il ne faut pas considérer comme établie la différence entre les diverses catégories socioprofessionnelles quand elles sont vraiment très proches par leurs errements. En raison du nombre relativement restreint de personnes testées, environ 1 500 pour la douzaine de professions décrites, chaque résultat est marqué d'incertitude. Si l'on faisait un dessin avec un cercle ayant un diamètre égal à l'incertitude statistique, on observerait des nuages de cercles qui se recoupent. C'est ainsi que la différence entre les instituteurs et les cadres moyens ou celle entre les professeurs et les cadres supérieurs n'est peut-être pas vraiment significative. Et c'est normal car ils partagent une culture assez semblable.

L'enracinement des croyances qu'ils partagent n'est peut-être pas très profond pour la plupart. S'ils voient à la télévision des gens parfaitement honorables affirmer qu'ils ont vu un phénomène extraordinaire, authentifié parfois par des gens dont la fausse compétence est attestée par des diplômes prestigieux ou une position sociale de responsabilité, ils n'ont peut-être pas le recul suffisant pour dire : « On veut me leurrer, il s'agit de naïfs qui mentent ou se mentent à eux-mêmes, car ils n'ont aucun esprit critique. » Il faut avoir soi-même participé à des mises en scène pour voir jusqu'où peut aller la crédulité humaine.

Lorsqu'il s'agit de phénomènes liés au hasard, combien de personnes sont capables d'analyser froidement un fait simple ? Par exemple, si 10 000 personnes observent un phénomène qui n'a qu'une chance sur 1 000 de se produire pour une personne donnée, il y en aura tout de même près d'une dizaine qui aura ce privilège.

Des croyances fausses, fondées sur des phénomènes peu probables, sont tellement banales que des précautions spéciales ont été prises par ceux qui doivent par exemple interpréter l'effet de médicaments sur des patients pour s'assurer que des observations accidentelles, amplifiées par l'imagination, ne faussent pas l'interprétation objective.

Bien des physiciens chevronnés ont publié de fausses découvertes en raison de fluctuations accidentelles qui validaient des théories incertaines ou confirmaient des intuitions mal fondées.

Une situation paradoxale

Si les fausses croyances sont en pleine expansion, il faut toutefois bien se rendre compte que les phénomènes sur lesquels sont fondées ces croyances ne croissent, eux, ni en nombre ni en intensité. Au contraire même, le corpus va en se rétrécissant comme une peau de chagrin.

Le *nombre* de phénomènes *diminue*. En effet, comme tout un chacun peut le constater, apparition de fées dans les jardins, lamas tibétains lévitant, ectoplasmes, fantômes et sorcières sur un balai se font de plus en rares.

Et l'*intensité* des phénomènes *décroît* elle aussi. On pourrait généraliser cette décroissance à tout phénomène « paranormal », mais nous allons simplement prendre comme exemple la télékinésie dont nous venons de parler à propos à la fois de l'enquête auprès des étudiants et du minisondage en préparation à l'agrégation de physique.

Examinons donc la variation de ce fameux pouvoir de psychokinèse — pouvoir de déplacer des objets à distance par la seule concentration de l'esprit — au cours du temps.

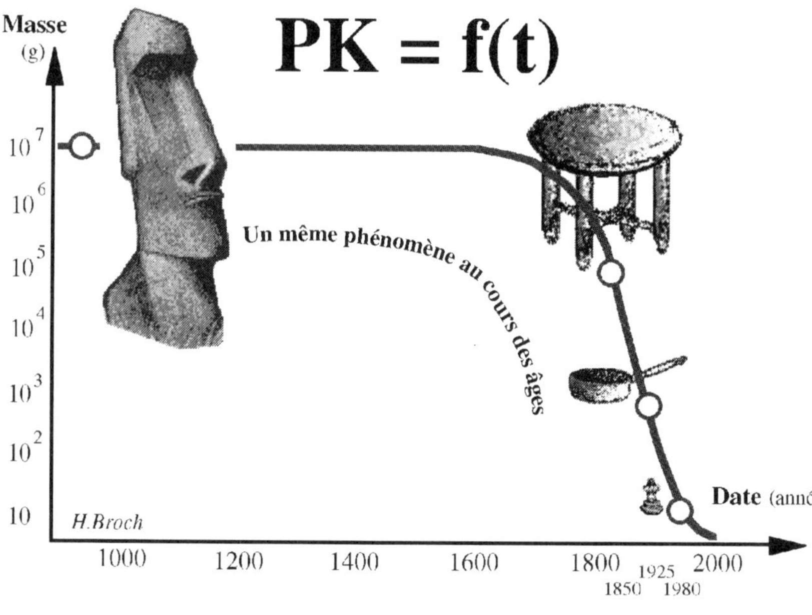

Le « mana » est censé avoir déplacé il y a plusieurs siècles les statues de l'île de Pâques, soit une masse de plusieurs tonnes. Dans les années 1850, ce *même* pouvoir prétendait mouvoir de lourdes tables, soit une centaine de kilogrammes. Quelques décennies plus tard, avec les poltergeists, les esprits frappeurs, on s'occupe de casseroles et d'ustensiles de cuisine, soit un kilogramme. Dans les années 1970, on se réduit au possible déplacement de petits objets, comme des pièces d'un jeu d'échecs. À l'heure actuelle, ce *même* pouvoir permettrait à un médium se concentrant « très très très fortement », de déplacer un infime bout de papier, soit un gramme ! Le phénomène PK a donc chuté, à mesure que les moyens de contrôle gagnaient en précision, par un facteur de plus d'un million au cours du temps.

Les moyens de contrôle n'ont d'ailleurs pas besoin d'être vraiment très élaborés pour être efficaces. Ainsi, depuis l'avènement de la photographie infrarouge, sensible dans l'obscurité, les puissants esprits qui se manifestaient si facilement dans les tables tournantes et autres guéridons lorsque la lumière était très faible — les esprits ayant certainement les yeux très sensibles et ne pouvant donc intervenir en pleine lumière — ont désormais perdu toutes leurs forces.

Nous sommes donc actuellement dans une phase un peu paradoxale où les croyances au « paranormal », dans son acception la plus large, sont en expansion dans les milieux les plus cultivés alors que le nombre et l'intensité de ces phénomènes *baissent* de façon drastique.

Les raisons principales de cet apparent paradoxe sont les suivantes.

D'abord, la caisse de résonance des médias électroniques. Le corpus des phénomènes paranormaux reçoit aide et soutien de cet amplificateur des médias « électroniques » (radio, télévision, Internet...) effectivement sans équivalent dans les générations passées. Alors qu'un esprit malin de village n'aurait eu, au début du XXe siècle, qu'une renommée locale, il a suffi qu'un poltergeist sans prétention taquine un petit village belge pour que CNN fasse faire le tour du monde à ce phénomène.

Ensuite, les « médiamensonges » et la dérive déontologique. Les médias — la généralisation est évidemment abusive et le concept déresponsabilisant, il faut entendre plus précisément « quelques médias à travers les producteurs et les journalistes qui en font le contenu » — ne sont point les Prométhée qu'espéraient souvent leurs propres fondateurs. Ils ne donnent pas non plus aux lecteurs, auditeurs, visionneurs, ce que ces derniers attendent. Ils ne sont pas les traducteurs, les intermédiaires, les médiums (!) d'une demande ; ils *créent* cette demande et font mine, ensuite, de simplement y répondre. Ils ne sont pas neutres, au contraire ils accentuent les phénomènes de retour à la religiosité de pacotille.

Enfin, la courroie de transmission du milieu éducatif. Contrairement à ce que l'on aurait pu supposer *a priori* et en confirmation des niveaux de croyance en fonction des catégories socioprofessionnelles que nous avons déjà explicités dans les graphiques précédents, le milieu éducatif ne fait pas exception par une quelconque immunité aux superstitions, il se fait même quelquefois la courroie de transmission des pseudo-sciences et autres fariboles. Des exemples consternants sont là pour nous le rappeler, depuis les pyramides miniatures de Khéops accélérant le vieillissement du vin en vente dans une coopérative d'enseignants en passant par des catalogues d'ouvrages pour enseignants qui vantent les mérites de la radiesthésie ou de l'astrologie.

Raison et sensation

Une explication complémentaire possible de ce paradoxe apparent entre la persistance, voire l'augmentation des croyances au « paranormal » et la diminution du nombre et de l'intensité des phénomènes paranormaux, c'est que nous vivons actuellement une phase particulière de modification des processus d'acquisition des connaissances. L'expansion de l'information est en effet essentiellement, sinon seulement, caractérisée par une enflure de l'image visuelle et de la sensation immédiate au détriment du symbole écrit et de l'analyse étayée.

En tant que moyen de communication, l'écrit permet une analyse détaillée, construite, critique et disponible sur un intervalle de temps conséquent, alors que les médias actuels font une place grandissante à l'image instantanée et aux stimuli qu'elle déclenche. Cette substitution du couple *symbole écrit + analyse étayée* par le couple *image visuelle + sensation immédiate* a pour conséquence un remplacement progressif et sournois de la raison par la sensation. Or, si l'on s'investit avec les tripes, cela ne doit tout de même pas empêcher de faire aussi travailler l'encéphale.

Au péril de la démocratie

La science est au centre de la culture moderne. Tout scientifique, citoyen impliqué dans la société dans laquelle il vit, peut et *doit* soulever les problèmes posés par le développement des pseudo-sciences et des croyances. Il doit en effet mettre en évidence que les croyances au paranormal sont des obstacles à l'avènement de l'homme libre, cherchant à comprendre sa destinée.

Le destin de l'*homme-objet*, sans libre arbitre, serait-il inscrit dans les arabesques des planètes et des astres de la voûte céleste ?

Des extraterrestres seraient-ils venus sur Terre pour éduquer les *hommes-primates,* incapables d'évoluer par eux-mêmes ?

L'*homme-vassal*, sujet obéissant, est-il condamné à prendre pour guide ces médiums du surnaturel, supports d'un pouvoir surhumain ?

Et, contrairement à la forme de leurs allégations, la plupart des astrologues, archéomanes et parapsychologues répondent finalement, sur le fond, aux questions qui précèdent de manière clairement affirmative. Tout ce qu'ils proposent n'est en réalité que facilité et lâche renoncement à tenter de comprendre l'univers qui nous entoure.

Ce rabaissement de l'homme est bien mis en évidence dans la technique sectaire qui consiste à dépersonnaliser l'individu. Le leitmotiv consiste toujours à déclarer que des « forces » peuvent être canalisées par certains individus (les « élus », les « messies », les « surdoués » ; les autres n'étant que valetaille tout juste bonne à s'émerveiller) qui pourtant ne sont pas les générateurs de ces forces, de ces pouvoirs, mais uniquement les « focaliseurs », les « médiums ».

On assiste ainsi à une mystification de la connaissance qui a pour résultat une conception du monde dont de nombreux éléments sont irrémédiablement hors du champ de compréhension — donc du contrôle — de la majorité des individus. Cette pensée ésotérique induit une stratification du monde — ceux qui ont des pouvoirs, savent et agissent tout en haut et, loin en dessous, ceux qui s'étonnent, admirent et suivent sans comprendre — débouchant sur le fatalisme béat et la déresponsabilisation des individus.

Attitude scientifique et comportement citoyen nécessitent en fait le *même* terreau mental et moral spécifique pour leur développement. Une société véritablement démocratique présuppose nécessairement des citoyens aptes à la réflexion. Voilà pourquoi il serait encore plus grave qu'on ne le pense généralement que l'esprit scientifique, c'est-à-dire l'esprit critique, se trouve submergé par la crédulité. N'oublions jamais que le droit au rêve ne prend toute sa valeur qu'accompagné du droit à la lucidité.

Conclusion

À L'AUBE DU MILLÉNAIRE...

Un monde fécondé par la science et vérolé par les superstitions

Fécondé ou engrossé ? Pour les uns, la science a fécondé la race humaine en lui permettant d'ajouter aux attributs qui la distinguent du monde animal le trésor de la connaissance. Pour d'autres, elle l'a engrossée en abusant de sa candeur pour la rendre porteuse d'un rejeton qui menace d'être un monstre.

Comment n'avoir pas le cœur soulevé à l'idée d'un monde envahi de clones massivement produits par les techniques qui ont fait merveille dans l'élevage des poulets, endoctrinés dès l'enfance par des gourous qui pourraient les former à l'idée qu'il peut être plaisant de se suicider pour une bonne cause ?

Les sociétés humaines doivent faire face à une vertigineuse accélération de leur évolution induite par les retombées des découvertes scientifiques. Elles semblent impuissantes à faire face aux perturbations menaçant leur environnement économique, politique, culturel et même physique. Un usage raisonné de la pensée scientifique pour jauger et maîtriser des menaces réelles ou imaginaires est parfois rendu impossible par les habitudes, les croyances et les superstitions dans lesquelles nous sommes immergés depuis des temps immémoriaux.

Nous avons été conduits dans cet ouvrage à effleurer des sujets aussi dispersés que les menaces qui planent sur l'espèce humaine en raison de la vertigineuse accélération de son évolution, induite par le développement de la science, la gravité des perturbations apportées à la vie physique de la planète, l'effet des superstitions les plus répandues depuis des temps immémoriaux, leur exploitation politique visant des objectifs à très court terme et empêchant l'utilisation de la science elle-même pour évaluer les menaces et les esquiver.

Contre l'analphabétisme scientifique, il nous est apparu que le principal antidote est l'éducation. Nous avons voulu y contribuer par un survol des superstitions les plus répandues : astrologie, croyances dans le « paranormal » et autres insanités. Nous avons souhaité aiguiser la faculté critique de nos lecteurs en les initiant à des jeux qui les éclairent sur leur propre crédulité.

Nous sommes préoccupés par la gravité des problèmes qui vont assaillir nos enfants en raison des comportements que nous leur léguons, comportements souvent marqués par le caractère impitoyable des relations entre les peuples et l'indifférence, à longue échéance, à l'égard de l'environnement.

L'activité humaine, multipliée en puissance par la science, peut affecter les caractéristiques physiques de notre planète même, bousculer le miraculeux mais frêle équilibre entre les facteurs qui ont rendu possible la naissance de la vie et la richesse de son évolution. Elle a conduit à une prolifération des populations et à une exploitation frénétique des ressources naturelles. Le moment inéluctable est arrivé où nous ne pouvons plus nous contenter de vivre dans nos niches plus ou moins dorées en consommant à satiété les produits de la haute technologie, en luttant à grand peine contre l'obésité qui est pour beaucoup d'entre nous la principale menace de leur santé. Nous sommes, sinon, guettés par des embrasements géants et des misères indicibles.

On doit se demander si la pensée scientifique n'est pas le complément *indispensable* à la sagesse, à la lucidité, à l'amour pour que ces vertus ne s'expriment pas seulement en vaines invocations du ciel mais en actes conséquents. Cette pensée se heurte à une malédiction, la montée en puissance d'un obscurantisme qui prend sa source lointaine dans l'ignorance, les peurs, les superstitions charriées par l'évolution.

Tout ne se vaut pas

La Poste, service public s'il en est, qui se présente[1] comme « l'avenir en marche », eh bien ! cette même Poste, dans son calendrier de l'an 2000 nous a présenté les prédictions de l'astrologue Elizabeth Teissier ! S'étalant sur deux pleines pages, avec dessins en couleurs, et sous un large intitulé *« Que vous réserve l'an 2000 ? »*, les prédictions de notre astro-voyante ont été diffusées à des millions d'exemplaires par les postiers français. Renvoyant, « pour en savoir plus », aux sites Minitel et Internet de Mme Teissier ainsi qu'à son serveur vocal.

1. *Cf.* l'*Almanach du facteur de l'an 2000*, le calendrier de La Poste de l'année 2000 dû à J. Cartier-Bresson.

Le même calendrier nous présentait sur un nombre identique de pages, deux, pas plus, « Demain, le XXIe siècle », moult robots cérébraux, des robots qui s'émeuvent, une bibliothèque en un seul volume, des automates qui se soignent, les ordinateurs et la climatologie du futur, l'automobile du futur, les transports du futur, l'énergie au XXIe siècle, les capteurs vidéo, l'essence oxygénée, l'aile volante, une autoroute intelligente, et une Poste qui l'est moins puisqu'elle contribue à la crédulité générale.

L'idée « postmoderne » que tout est moralement permis, que tout est licite et surtout que toute opinion en vaut une autre permet également la diffusion et le développement de cet irrationnel et contamine même la science. Non, toutes les opinions ne se valent pas. Par exemple, si nous vous affirmons que, ayant ce livre en main ce matin, nous avons ouvert la main et le livre est tombé au sol, vous n'avez nul besoin de nous demander des preuves fortes ; mais si nous vous affirmons que, ayant lâché le livre, celui-ci — contredisant manifestement la loi de la pesanteur — s'est élevé majestueusement en l'air, alors vous devez — vous *devez* et non vous *pouvez* — nous demander des preuves beaucoup plus contraignantes que notre seule affirmation. La charge de la preuve revient toujours à celui qui affirme quelque chose de nouveau et plus la chose affirmée sort du cadre des lois établies, *a fortiori* si elle entre en conflit avec ces lois, plus les preuves apportées pour étayer cette proposition doivent être robustes.

Voilà pourquoi une opinion n'en vaut pas une autre. Voilà pourquoi une « hypothèse de salon » n'est point une « hypothèse de travail » et pourquoi l'adjectif scientifique ne s'attribue point à la première allégation venue, fût-elle d'un quidam qui se prétend scientifique et en exhibe les titres.

Scientifiques et journalistes, même combat !

Nous ne combattons pas l'irrationnel, nous luttons simplement *pour* quelque chose. Par exemple, pour que les gens aient au moins les deux facettes d'une information. Les superstitions ne gênent personne sauf si elles sont présentées comme des phénomènes scientifiques validés. Nous entrons avec ce nouveau millénaire dans une nouvelle étape de la lutte pour la raison. Et le rôle des médias est déterminant.

Il existe heureusement des journalistes dignes d'estime et de respect. Que d'émissions de télévision dont nous sortons réjouis, émus par la restitution cathodique d'univers physiques ou artistiques ou philosophiques, inconnus de nous ! Quel plaisir à certains dialogues entre gens de grande valeur, parfois antagonistes, et qui ne donnent pas l'impression que les téléspectateurs ne sont que des minus à qui il faut servir une culture prédigérée.

Il est rare que l'on demande à quelqu'un qui ignore les rudiments de la mécanique de donner son avis sur un nouveau moteur de voiture, ou à un rebouteux de s'exprimer sur les maladies génétiques rares, mais dans le domaine des sciences tout est permis. Tel personnage qui ne pourrait expliquer à ses enfants les phénomènes élémentaires de l'ébullition de l'eau peut à la télévision afficher ses certitudes sur l'effet du krypton radioactif qui sort des cheminées de La Hague ! Bien sûr ! il faut éviter la dictature intellectuelle de quelques lobbies. Et des débats acharnés sont parfois souhaitables ; mais pas lorsqu'ils sont dominés par des ignorants qui font semblant de croire que le courant côtier qui amène un peu de sable naturellement radioactif sur les plages du Grau-du-Roi mérite les trompettes des médias. Il nous semble légitime que certains organismes scientifiques comme l'Académie des sciences puissent revendiquer un droit de réponse lorsque des énormités sont proférées et propagées.

Dans cette action, les hommes de médias devraient prendre leur place, toute leur place, et réfléchir sérieusement aux notions de *neutralité* et de *responsabilité*. De nombreux acteurs desdits médias ont, en effet, une fâcheuse tendance à se retrancher derrière leur « nécessaire » neutralité pour nous présenter des reportages sans enquête sérieuse, des informations « brutes », sous prétexte que l'auditeur saura juger de lui-même. Ils oublient simplement — ou feignent d'oublier — qu'un esprit critique s'exerce à vide s'il n'est pas suffisamment informé et informé de façon suffisamment objective. Ces grands prêtres d'une nouvelle religion craignent par-dessus tout de s'attirer le courroux du grand dieu Audimat. D'où le fallacieux recours à la « neutralité ». Dont la distance à la *lâcheté* devient alors vraiment minime.

Il est encore d'autant plus nécessaire que cela change que, dans notre monde, la réalité commence à devenir un peu trop virtuelle. Qui ne se souvient des images du « charnier » de Timisoara ? Cette mise en scène de la « réalité » choque les esprits qui demeurent toutefois insensibles à la même honteuse manipulation, à la même mise en scène de ce qui est présenté comme la réalité dans certaines émissions de télévision portant sur le paranormal. Où est la déontologie journalistique ?

À la fois porteurs et transmetteurs des germes virulents des pseudo-sciences et meilleurs moyens de lutte contre ces infections, les médias sont ainsi face à leur ambivalence et leurs responsabilités. Tout espoir n'est pas perdu. Les médias donnent en effet quelquefois une information intéressante et qui fait réfléchir. C'est ainsi que nous avons appris[1] qu'à

1. *Nice-Matin* du 24 mars 2001.

l'occasion de la semaine de la Science en Grande-Bretagne, une superbe et savoureuse expérience de prévision boursière avait eu lieu : une fillette de 4 ans a fait mieux qu'un spécialiste financier et qu'une astrologue !

Il n'est jamais trop tard

Il est arrivé plus d'une fois que l'on assiste à des confessions de médiums qui, sur le tard, avouent leurs mystifications. Les deux petites filles — France Griffiths, 10 ans, et Elsie Wright, 16 ans —, qui avaient vu des fées ailées voleter en l'air et les avaient photographiées ont ainsi avoué leur mystification à l'âge de 76 et 82 ans !

Margaret Fox Kane, la fondatrice aux environs de 1847 à Hydesville dans l'État de New York du mouvement spirite a également fait une longue confession publique quarante ans plus tard, en 1888, pour expliquer que tout n'avait été que « fraude, hypocrisie et illusion[1] ».

Il est arrivé encore plus souvent que des soupçons de fraude apparaissent ou que des fraudes ou des possibilités de fraude[2] soient clairement mises en évidence. Bien que cela puisse choquer les oreilles des parapsychologues, la fraude est peut-être *la* source principale des résultats en parapsychologie.

---

1. Le texte complet de la confession de Margaret Fox Kane se trouve *in* H. Broch, *Au Cœur de l'Extra-Ordinaire*, éd. Book-e-book. com 2002.
2. C'est ainsi que les fameuses cartes de Zener (cartes portant cinq symboles différents : carré, rond, croix, étoile, vague) développées et vendues par l'institut américain de Rhine sont tellement mal faites que leurs dos ne sont toujours pas symétriques malgré plus de soixante ans de fignolage de la part de ces parapsychologues. On peut très facilement reconnaître des cartes de dos et faire ainsi grimper les statistiques sans avoir aucun pouvoir de clairvoyance ou autre hypothétique don de perception extrasensorielle !

Même Walter J. Levy, le directeur du plus célèbre institut de recherche en parapsychologie, le propre successeur de Joseph Banks Rhine à Durham, en Caroline du Nord, a été pris en flagrant délit de fraude. Ce qui n'empêche pas ses travaux d'être encore cités comme des travaux scientifiques ayant « prouvé sans l'ombre d'un doute » l'existence de « facultés psy » !

De puissantes armées peuvent se laisser berner...

Pendant la guerre froide, l'armée américaine s'intéressait à des artistes de la baguette magique qui prétendaient pouvoir détecter des sous-marins soviétiques en promenant leur instrument divinatoire sur des cartes. Alertés par leurs services de renseignement dont la réputation n'est plus à faire, les militaires soviétiques s'adressèrent à des savants ukrainiens comme Leonid Pliouchtch pour qu'ils relèvent le défi. Méditons ces lignes que ce dernier a écrites sur son aventure qui illustre le degré de médiocrité auquel étaient tombés les dirigeants soviétiques, ce qui explique pour une grande part la ruine du pays.

> *Plus je m'enfonçais dans le flot des livres sur la télépathie et plus mon intérêt pour les phénomènes paranormaux grandissait. Avec un groupe de camarades, je me rendis auprès du titulaire de la chaire de psychologie et nous lui proposâmes d'organiser un cercle de discussion sur la télépathie.*
> *[...]*
> *J'allais lire des rapports sur la télépathie dans quelques instituts en vue d'attirer dans notre cercle des étudiants de diverses spécialités. Au même moment, les premiers articles consacrés au sujet*

parurent dans la presse soviétique. J'y appris l'existence à Moscou d'un collaborateur de l'académicien Bekterev, B. B. Kajinski, qui, dans les années 1920 et 1930, avait organisé avec Dourov et Bekterev, des expériences de télépathie. J'écrivis à Kajinski, je montai le voir à Moscou. Il me reçut très cordialement, car il voyait en moi un jeune homme prêt à reprendre le flambeau de l'œuvre qu'il avait entreprise avant guerre en ce domaine. Nous étions quatre à sa table : Kajinski, sa femme, un jeune médecin nommé Naoumov et moi. Au cours de cette soirée, Naoumov proposa de se livrer à une expérience pseudo-télépathique, tout en me demandant de lui presser le pied aux moments voulus... J'acceptai. Pendant cette démonstration truquée, Kajinski s'efforça de découvrir la supercherie, mais nous réussîmes à le tromper et à le convaincre qu'il avait bien assisté à une expérience authentique. Je me sentis tout honteux devant lui, mais ne pus trouver d'issue à la fausse situation ainsi créée.

Mon intérêt pour Kajinski s'évanouit aussitôt ; mais cet incident me permit de dégager un principe qui ne cessa pas de me guider, par la suite, dans le domaine de la parapsychologie : dans toute expérience, le parapsychologue doit présumer à l'avance la tromperie ou l'autotromperie, et préparer l'expérience de façon à la rendre impossible. Un parapsychologue n'a pas le droit de se trouver en situation de ne pas croire un autre sur parole[1].

Ce genre de fausse situation est beaucoup plus fréquent qu'on ne le croit. Pour avoir participé à de très nombreuses séances sur toutes sortes de phénomènes psy, l'un d'entre nous peut témoigner qu'il est souvent impossible, lorsque la fausse situation est établie, de dire simplement la vérité car la béquille psychologique que constitue l'existence d'un phéno-

1. Leonid Pliouchtch, *Dans le carnaval de l'histoire*, Paris, Seuil, 1977.

mène parapsychologique est beaucoup trop importante pour la personne concernée.

Des choix cruciaux pour la planète sont en jeu

Des décisions d'une importance capitale doivent être prises par nos sociétés pour faire face aux conséquences inévitables de la présence humaine sur notre planète. Il faudra faire des choix guidés, autant que possible, par plus de rationalité. Celle-ci peut aussi conduire à l'erreur, mais bien moins que l'ignorance et la superstition.

L'énergie nucléaire en est un exemple. Nous avons déjà soulevé dans un chapitre spécifique le problème réel qui se pose pour cette source d'énergie, à savoir la gestion des déchets radioactifs des combustibles usés qui mérite un débat libéré des propagandes exploitant la peur et l'ignorance ou les manifestations de minorités violentes qui exigent la liberté de pouvoir utiliser leurs cocktails Molotov pour élever à un coût intolérable le prix d'un transport de corps radioactifs, moins dangereux que certaines de leurs actions.

Un autre problème, d'importance aussi cruciale que celui de l'énergie nucléaire, est celui de la faim qui risque de guetter une partie des milliards d'humains qui s'annoncent dans le siècle. Ce problème n'est soluble que par des progrès dans l'optimisation des ressources agricoles. Afin d'éviter que la faim ne devienne mauvaise conseillère…

Dans le passé des pas décisifs ont été accomplis grâce aux progrès des techniques agricoles qui comportaient souvent des modifications profondes des espèces exploitées. Il est évident que ces progrès ne peuvent pas et ne doivent pas être stoppés et que c'est une véritable guerre alimentaire qui est entamée, entre l'humain et la nature, entre les pays, entre les firmes agroalimentaires.

Les États-Unis, le Canada, l'Argentine, la Chine et l'Inde viennent d'autoriser la culture des organismes génétiquement modifiés sur neuf millions d'hectares, de coton, de riz, de blé, de pommes de terre, de pois chiches, de choux. Nous assistons en France aux exploits de commandos qui se pensent autorisés à arracher des plants, fruits de dix années de recherches par des groupes de laboratoires universitaires français. Le résultat certain est, qu'ils le veuillent ou non, qu'ils œuvrent *pour* la suprématie des États-Unis. La peur sincère des conséquences de l'évolution ou plutôt de la révolution en marche est la base de l'aisance avec laquelle ils suivent, en nombre, les gourous obscurantistes, qui n'ont en vue que le pouvoir politique qu'ils peuvent en tirer.

La transparence scientifique est nécessaire, mais elle n'est d'aucun effet sur des populations qui sont entraînées à croire, en masse, aux sornettes par les efforts conjugués des gourous, des médias et des lobbies. Nous avons évoqué dans l'introduction le capital génétique de l'homme des cavernes qui n'a sans doute pas évolué pendant les centaines de milliers d'années qui nous séparent et qui a suffi à faire des prouesses, notamment scientifiques. Nous avons aussi fait l'éloge de son libre arbitre, ce trésor qui lui permet de choisir ses relations avec les autres comme avec le monde. Il nous faut ajouter, au terme de ce livre, qu'il ne faut pas se faire d'illusions, ce libre arbitre est limité par les conditionnements sociaux. L'un des auteurs (Georges Charpak) en a fait l'expérience à ses dépens.

> *Lors d'un dîner entre amis, l'un des jeunes invités demanda à notre hôte de se soumettre à un test : il lui présenta lentement, en lui demandant de se concentrer, une demi-douzaine d'opérations de calcul mental élémentaire comme « 7 plus 6, cela fait*

combien ? », puis il lui demanda, sans transition, de citer le nom d'un outil et d'une couleur. Il s'exécuta et fut fort marri lorsque l'opérateur lui montra que le résultat était inscrit d'avance dans un ordinateur. On me soumit au même test un quart d'heure après et je citai le même outil et la même couleur. Un visiteur inopiné subit le même sort. Je flairai une supercherie, furieux de mon impuissance à la découvrir. Je téléphonai sur-le-champ à Henri Broch qui m'interrompit et me dit qu'il savait exactement quelle avait été ma réponse et me la donna, absolument correcte. L'écrasante majorité des Français donne cette réponse. Où était mon libre arbitre ? Jusqu'où va mon conditionnement ?

Il est évident qu'un professionnel qui a une connaissance étendue d'une vaste palette de réactions inconscientes peut acquérir une puissance redoutable et se rire des tentatives des Don Quichotte de la raison pure. Il peut utiliser ce pouvoir pour de bonnes causes, ce sera le cas d'un médecin, d'un psychiatre, d'un artiste, comme pour des causes détestables, ce sera le cas d'un charlatan ou d'un démagogue. Ce n'est après tout que l'utilisation de la science, et celle-ci ne se limite pas à l'étude de la matière inerte mais inclut aussi l'homme et la société, de bonne ou de mauvaise façon.

« Puisse Dieu vous donner meilleure santé et plus de bon sens. » Ces paroles, prononcées par le roi d'Angleterre Guillaume III qui devait, par obligation royale, faire l'imposition des mains pour hâter la guérison des écrouelles, témoignent de son amertume à devoir s'incliner devant la pratique d'une sorcellerie primitive à laquelle croyait son peuple. Elles pourraient être reprises par ceux qui veulent s'appuyer sur le bon sens pour tenter de trancher entre des alternatives également bonnes ou également mauvaises. Prométhée ne doit pas avoir lutté pour rien ; la science ne doit pas être soufflée :

« Seul, la nuit, dans une vaste et sombre forêt, je ne dispose que d'une petite bougie pour m'éclairer. Survient un inconnu qui me dit : *"Souffle ta bougie : tu y verras bien mieux."*

Cette petite bougie, c'est la raison. Elle est un outil modeste, sans doute, et ne saurait à elle seule résoudre tous nos problèmes ; mais cette bougie est aussi ce que nous avons de plus précieux[1]. »

Nous sommes toutefois tentés de nuancer cette affirmation qui pèche par omission de tout ce qui est précieux et ne relève pas de la raison pure. Ne fuyez pas ce qui vous enchante et vous ensorcelle. Si l'allopathie addictive, l'homéopathie occasionnelle, le zen, les sources thermales, la méditation transcendantale, le taoïsme... sont indispensables à votre équilibre, n'écoutez que vous-même ! Mais pourquoi vous laisser berner par plus malin que vous ? Il y a dans cette énumération tronquée des éléments contradictoires : vous aurez donc à choisir. Rappelez-vous cependant que seuls les imbéciles ne changent jamais d'avis. La raison peut être bonne conseillère, elle a toutefois besoin d'être exercée comme on exerce ses muscles avant une difficile randonnée. Apprenez à ne pas vous laisser berner ! Ce livre a l'ambition de vous entraîner à cet exercice dans un monde dont nous ne devons pas laisser les commandes aux charlatans à courte vue qui exploitent notre candeur et notre ignorance.

1. D'après un apologue de Voltaire, Normand Baillargeon, *La Lueur d'une bougie*, Montréal, Fides, 2001.

ANNEXE

Si le lecteur croise les doigts pour conjurer le diable lorsqu'il aperçoit une équation, nous lui conseillons de sauter les pages annexes qui suivent en ne lisant que les conclusions.

En revanche, s'il en a la curiosité, nous lui recommandons de méditer les éléments de la démonstration. Cela lui sera très utile dans sa vie.

Lancer de pièces et probabilités

Quelle est la probabilité pour qu'un événement qui a une probabilité p constante de se produire sur un seul « lancer » se produise k fois sur N lancers ?

• Si l'événement se produit par exemple 2 fois, la probabilité des seuls 2 succès est p. p, c'est-à-dire p^2. Si l'événement se produit 3 fois, la probabilité des 3 succès est p.p.p, c'est-à-dire p^3. Ainsi, si l'événement se produit k fois, alors la probabilité concernant le seul succès est p.p.p.p... *(il y a k termes)*... p.p soit p^k.

• Mais cela signifie aussi que, sur la série de N lancers, nous avons nécessairement échoué le reste du temps, donc que nous avons échoué (N – k) fois ; la probabilité d'échouer, notée ici q, vaut tout simplement 1 – p (puisqu'il n'y a que deux possibilités : soit l'on réussit, soit l'on échoue et, bien sûr, la somme des probabilités de ces deux événements est égale à l'unité, c'est-à-dire p + q = 1, d'où q = 1 – p).

L'événement qui consiste à échouer (N – k) fois a donc une probabilité de q.q.q.q... *(il y a [N – k] termes)*... q.q soit q^{N-k}.

• Il faut enfin tenir compte du fait que les succès peuvent se produire *n'importe où* dans la suite des N fois, ce qui nous oblige à tenir compte du nombre de manières de combiner ces k succès parmi les N possibilités de « positionnement ».

Le nombre de manières se nomme C_N^k et se calcule comme suit :

$$C_N^k = \frac{N!}{k!(N-k)!}$$

où le symbole ! qui suit un nombre se nomme *factorielle* et signifie qu'il faut faire le produit de tous les nombres depuis 1 jusqu'au nombre considéré. Ainsi 4 ! représente le produit 1 × 2 × 3 × 4 et N ! représente 1 × 2 × 3 × 4 × 5 ×... × (N – 2) × (N – 1) × N.

(Par convention 0 ! vaut 1)

En résumé :

La probabilité pour qu'un événement de probabilité constante p se produise k fois dans une série de N essais est : $P(k) = C_N^k \; p^k \, q^{N-k}$ (cette loi porte le nom de loi binomiale).

Dans le cas qui nous intéresse ici, c'est-à-dire le lancer d'une pièce de monnaie (avec p, probabilités d'obtenir face, valant 1/2 et q, probabilités d'obtenir pile, valant également 1/2) que l'on répète 10 fois, et pour lequel on désire savoir *combien de chances nous avons d'obtenir 8, 9 ou 10 pièces du même côté*, le calcul est donc le suivant :

- Probabilité d'obtenir 10 fois face :
  $P(10\ F) = C_{10}^{10}(1/2)^{10}\ (1/2)^{0} = (1/2)^{10} = 1/1\ 024$ soit une chance sur 1 024.
- Probabilité d'obtenir 10 fois pile :
  $P(10\ P) = C_{10}^{10}(1/2)^{0}\ (1/2)^{10} = (1/2)^{10} = 1/1\ 024$ soit une chance sur 1 024.

- Probabilité d'obtenir 9 fois face (et donc 1 fois pile) :
  $P(9\ F) = C_{10}^{9}(1/2)^{9}\ (1/2)^{1} = 10 \cdot (1/2)^{10} = 10/1\ 024$ soit 10 chances sur 1 024.
- Probabilité d'obtenir 9 fois pile (et donc 1 fois face) :
  $P(9\ P) = C_{10}^{9}(1/2)^{1}\ (1/2)^{9} = 10 \cdot (1/2)^{10} = 10/1\ 024$ soit 10 chances sur 1 024.

- Probabilité d'obtenir 8 fois face (et donc 2 fois pile) :
  $P(8\ F) = C_{10}^{8}(1/2)^{8}\ (1/2)^{2} = 45 \cdot (1/2)^{10} = 45/1\ 024$ soit 45 chances sur 1 024.
- Probabilité d'obtenir 8 fois pile (et donc 2 fois face) :
  $P(8\ P) = C_{10}^{8}(1/2)^{2}\ (1/2)^{8} = 45 \cdot (1/2)^{10} = 45/1\ 024$ soit 45 chances sur 1 024.

La probabilité recherchée (pour, sur 10 lancers, obtenir 8, 9 ou 10 fois le même côté) est donc la somme de toutes les probabilités qui précèdent puisque, le côté à obtenir n'étant pas précisé, il convient de prendre en compte aussi bien les 8, 9 ou 10 « piles » que les 8, 9 ou 10 « faces ».

Nous obtenons ainsi 112 chances sur 1 024, soit 0,109375 c'est-à-dire environ 11 %.

Cette valeur de 11 % explique bien l'effet dont nous parlons dans le texte principal puisqu'elle signifie, aussi surprenant que cela paraisse, *qu'il y a plus de 1 chance sur 10 pour que, sur 10 lancers d'une pièce de monnaie, on obtienne au moins 8 fois le même côté !*

Autre manière de le formuler : si mille personnes lancent chacune 10 fois une pièce de monnaie, il y a environ cent (oui, 100) personnes qui obtiendront au moins 8 fois le même côté.

Composition d'un groupe et probabilités

Le groupe d'études sur le « suaire » de Turin, STURP (Shroud of TUrin Research Project), compte 40 membres : 39 croyants, 1 agnostique.

Quelle est la probabilité pour qu'un groupe formé de 40 scientifiques américains choisis au hasard parmi des milliers ait une telle composition ?

La loi binomiale (*cf.* annexe « Lancer de pièces et probabilités ») nous permet de calculer cela. Il suffit de connaître la probabilité p pour qu'un scientifique américain soit croyant. Paul Kurtz (chairman du CSICOP) a rapporté lors d'un colloque international à l'Université de Maastricht en 1999 qu'une large enquête avait montré que, parmi les scientifiques des États-Unis, 60 % ne croient pas et 40 % croient en un dieu (NB : l'enquête montrait également que, si l'on se restreignait aux scientifiques d'un niveau « académique » élevé, le taux de croyance en un dieu était beaucoup plus faible). La probabilité p que nous pouvons donc prendre est de 0,4.

La probabilité d'obtenir un groupe composé comme le STURP est alors de :

$P(39) = C_{40}^{39}(0{,}4)^{39}\ (0{,}6)^{1} = 7{,}3 \cdot 10^{-15}$ soit 7 *chances sur un million de milliards !*

Pour information, voici les résultats pour d'autres valeurs de p :

- Si p = 0,25 ==> P (39) = $1{,}0 \cdot 10^{-22}$. *No comment.*
- Si p = 0,50 ==> P (39) = $3{,}6 \cdot 10^{-11}$. Soit moins de *4 chances sur 100 milliards.*
- Si p = 0,75 Même avec une probabilité p aussi élevée, nous aurions encore pour la formation du groupe une probabilité P (39) = $1{,}3 \cdot 10^{-4}$, soit *une chance sur dix mille !*

TABLE DES MATIÈRES

Ouvrage publié sous la responsabilité
éditoriale de Gérard Jorland.

DES MÊMES AUTEURS

DE GEORGES CHARPAK

La Vie à fil tendu, avec Dominique Saudinos, Odile Jacob, 1993.
Feux follets et champignons nucléaires, avec Richard L. Garwin, Odile Jacob, 1997.
Enfants, chercheurs et citoyens, (sous la direction de), Odile Jacob, 1998.

DE HENRI BROCH

La Mystérieuse Pyramide de Falicon, France-Empire, 1976.
Le Paranormal, Seuil, coll. « Points-Sciences », 1985, 2001
Au Cœur de l'Extra-Ordinaire, coll. « Zététique », www.book-e-book.com, 2002.

Édition exclusivement réservée aux adhérents du Club
Le Grand Livre du Mois
15, rue des Sablons
75116 Paris
réalisée avec l'autorisation des éditions Odile JACOB

Maquette et mise en pages :
NORD COMPO (Villeneuve-d'Ascq)

Achevé d'imprimer
par l'Imprimerie FLOCH (Mayenne)
en juin 2002

N° d'impression : 54586-1
Dépôt légal : avril 2002
Imprimé en France